헤어펌웨이브 (응용편)

헤어펌웨이브 (응용편)

헤어펌웨이브 (응용편)

발   행 | 2022년 3월 3일
저   자 | 김경란
펴낸이 | 한건희
펴낸곳 | 주식회사 부크크
출판사등록 | 2014.07.15.(제2014-16호)
주   소 | 서울특별시 금천구 가산디지털1로 119 SK트윈타워 A동 305호
전   화 | 1670-8316
이메일 | info@bookk.co.kr

ISBN | 979-11-372-7065-7

헤어펌웨이브 응용편

김경란 지음

CONTENT

1. 모발의 발생과 구성

1) 모발의 개요

모발이란 사람의 몸에 난 털(毛)의 총칭이며 포유류 특유의 피부 부속기관으로서 피지선이나 한선과함께 태아의 발육과 동시에 발생한다. 따라서 모든 피부의 발생에 따라 생겨나 각화현상이진행되어 한 가닥의 모(毛)가 형성되는 것이다.

머리에 난 털을 두발, 남자의 입가, 턱, 뺨에 난 털을 수염, 눈썹, 속눈썹, 코털, 귀털, 겨드랑이, 컬, 음모, 체모 등으로 명칭을 구별한다. 머리카락은 두피에 1~5개씩 근접하여 비스듬히 뿌리 박혀 있으며 모발은 잘라도 다시 자란다. 모발은 자연 또는 화학적인 작용에 의해 손상될 수 있으며 모발의 색은 변할 수 있다.

모발은 두 부분으로 나눌 수 있는데 우리가 눈으로 볼 수 없는 부분을 모근(hair root)이라 하고, 우리가 눈으로 볼 수 있는 부분을 모간(hair shaft)이라고 한다.

(1) 모발의 종류
① 황인종의 모발은 굵고 직모이다.
② 백인종의 모발은 가늘고 곱슬머리이다.
③ 흑인종의 모발은 헝클어진 듯한 강한 곱슬머리이다.

(2) 모발의 수모발의 색, 인종, 굵기에 따라 다양하다. 평균적으로 개인이 갖고 있는 모발의 수는 약 100,000개 정도이다.

①금발의 모발
• 금발의 여성: 140,000~150,000개
• 금발의 남성: 130,000~150,000개
• 금발은 갈색 모 보다 가늘고, 모발의 숱이 더 많다.
• 금발은 주로 가느다란 머리 결을 갖고 있다.

② 갈색모의모발 수
• 갈색모의여성: 110,000개
• 갈색모의남성: 100,000개

③ 흑모및 적색모의모발 수
· 흑모: 100,000개
· 적색모: 85,000~88,000개

(3) 모발의 직경
① 나이와 인종에 따라 0.05mm~0.12mm로 다양하다.
② 갓난아이의 모발은 매우 가늘고 약하다.
③ 성인의 경우 가장 굵으며, 늙어 갈수록 가늘어진다.

(4) 모발의 밀집도
① 머리카락은 두피 1㎠ 위에 약 50~150개 정도 발견된다.
② 여성이 남성보다 더 많은 모발을 갖고 있다.

(5) 모발의 길이
① 신체는 매일 두피에서 약 30m의 모발을 생성할 수 있게 한다.
② 모발은 하루에 약 0.4m씩 자란다(1개월에 1~1.5cm).
③ 남자가 여자보다 자라는 속도가 빠르다.
④ 겨울보다 여름이 자라는 속도가 빠르다.
⑤ 모발은 최고 90cm까지 자랄 수 있다.

(6) 모발의 수명 신체의 모발의 수명은 2~6년이다.

(7) 모발의 손상요인
① **생리적인 요인** 호르몬의 불균형, 편식, 스트레스, 다이어트, 모질, 영양부족
② **물리적인 요인** 블러싱, 블로우드라이, 컷트, 타올 드라이, 마찰, 전기 셋팅
③ **화학적인 요인** 샴푸, 모발탈색, 모발염색, 퍼머넌트
④ **환경적인 요인** 일광(적외선, 자외선), 해수, 온도, 대기오염, 건조

2) 모발의 구성

① 모발의 구성성분
- 탄소 C : 50~60%

- 산소 O : 25~30%
- 질소 N : 8~12%
- 수소 H : 4~5%
- 황 S : 2~10%
- 멜라닌 색소: 1~3%

② 아미노산(Amino acids)

아미노산은 단백질의 구성요소이며 각 아미노산은 탄소, 질소, 산소와 수소 원자로 이루어져 있으며 황 원자는 일부 아미노산에만 포함되어 있다. 일반적인 아미노산으로는 22가지가 있는데 그 중 모발에는 19가지의 필수 아미노산이 있다. 아미노산은 사슬 같은 모양으로 결합되어 단백질을 형성한다. 모든 아미노산은 질소 원자 1개와 수소원자 2개로 이루어진 1개의 노기(NH₂)와 탄소원자 1개 수소원자 1개와 산소원자 2개로 구성된 1개의 카르복실기또는 산기(COOH)를 갖고 있다.이는 모든 아미노산의 기본 구조는 다 동일하다는 것을 의미하며, 알킬기(R Group)는 어떤 유형의 아미노산을 다른 유형의 아미노산과 다르게 만드는 역할을 한다.

3) 모발의 물리적 특성

(1) 모발의 탄력성 모발은 마른 상태에서 20~30% 늘려지게 할 수 있다. 젖은 상태에서는 50%, 암모니아와의 접촉 시에는 더욱 많이 늘려지게 할 수 있다. 모발의 탄력성은 열에 작용에 의해 사라진다. 그러나 늘어나는 30%를 넘지 않아야 원래의 형태로 돌아갈 수 있게 된다.

(2) 모발의 흡수성 모발의 단백질은 친수성이므로수분을 흡수하는 성질이 있다. 모발의 섬유질 사이에는 구멍이 있어 수분은 그 안으로 흡착된다. 선상한 보발이 수분을 흡수하게 되면 15% 정도 부풀어오르고 1~2% 정도 길이가 늘어난다. 손상된 모발은 다공성정도가 심하게 되어 수분의 흡수량도많아지게 된다. 보통 정상모발은마른 모발에서 무게의 10% 수분을 가지고 있고 샴푸 직후에는 30% 정도의 수분을 함유하고 있으며 드라이 시 10% 이하로 떨어진다. 이 습기는 모발을 탄력성 있고 촉촉하게 해준다. 그러나 세팅이나 드라이 후에 지나친 습기는 웨이브의 형태가 없어지게 하므로 이를 유지하기 위해 세팅로션이나 스프레이를 사용해야 한다.

(3) 모발의 견고성 모발은 모든 기계적인 요인들에 대하여 매우 견고하며 모발을 끊기 위해서는 상당한 힘이 필요하다. 모발의 파열량(= 모발절단에필요한 힘)은 나이, 인종에 따라 다양하며 화학적인 제품의 작용 후에 모발 파열량은변화한다.

(4) 모발의 다공성 다공성은 모발의 섬유가 수분을 흡수할 수 있는 능력을 말하며 모발의 다공성이클수록 더 많은 액체를 흡수한다. 모발은 염모제를받아들이기 위해 어느 정도는 다공성이있어야하며 칼라나 펌 하기 전에 마른 모발에 시술하는 이유 중의 하나이기도 하다. 모발 전체에 걸쳐 다공성이고르지 않으면 칼라의 색조들이 고르지 않은 색상을 나타난다.

4) 모발의 구조

(1) 모근부의 구조

① 입모근 : 긴장하거나 놀랐을 때 털을 수직으로 세우는 근육이다. 피지분비 모근부 지점에 입모근이 연결되어 있으며 입모근이 파괴되면 모발 변형 이 생긴다(생머리 → 곱슬머리),
② 피지선 : 분비물과 지방을 혼합해 모낭밖으로 배출하여 피지막을 형성하는 역할을 해주며, 피지를 분비하여 피부표면에 지나친 수분 증발을 막고 피부 의 윤택성과 유연성을 유지시켜 피부를 보호하는 역할을 한다.
③ 모모세포 : 모유두에서 영양을 공급받아 모발성장, 모발색소 결정, 모구부에 오목한 부분, 모유두가 접한부분, 왕성한 세포분열로 모발생성에 관여한다.
④ 모구 : 모낭의 가장 아래쪽에 전구모양을 하고 있으며, 모발의 성장에 관여 한다. 혈관과 신경이 있는 모유두를 싸서 보호하고 있다.
⑤ 모세혈관 : 모발에 영양 공급
적혈구 - 헤모글로빈(산소운반)
백혈구 - 식균작용
혈액 - 산소와 영양분 공급
혈 장 - 혈액의 액체성분(체온조절, 항체 형성, 노폐물운반)
혈소판 - 혈액응고
⑥ 한선 : 땀을 분비하는 땀샘, 체온조절 역할
· 에크린선 - 몸전체에 분포하며, 운동시에 외부온도에 민감하다.
· 아포크린선 - 감정의 변화에 따라 작용이 활발하고, 겨드랑이, 생식기주의, 유두주위에 분포한다.

⑦ 모유두 : 모유두는 모낭 밑에 위치하며 모세혈관과 신경이 연결되어 있어 모구에 산소와 영양을 공급하고 모낭의 성장을 담당하며 머리카락의 굵기와 비례한다. 영양공급이 부족할 경우 푸석거림, 탈모와 직접적인 영향이 있다. 12

⑧ 모낭(follicles) : 모근을 싸고 있는 내·외층의 피막으로 모발이 모유두에서 모공까지 도달할 수 있도록 보호하는 역할을 하는 주머니이다.
상피성 모낭 - 털의 재생과 성장을 도와준다.
결합조직성 모낭 - 신경과 혈관이 분포한다.

(2) 모간부의 구조

① 모표피 (cuticle)
- 모발의 가장 바깥층으로 경단백질로 구성되어 있으며 모발내부 보호
멜라닌 색소를 함유하고 있지 않기 때문에 반투명 비닐모양
인종에 따라 층 수가 다를 수 있다. 평균 3~10층이지만 많이 겹쳐진 모발의 경우는 20층인 것도 있다.
기름과 친화력이 강한 친유성
에피큐티클(epicuticle) : 모표피의 가장 최외층으로, 수증기는 통과하지만 물은 통과 못한다.
엑소큐티클(exocuticle) : 친유성이며 알칼리에 강한 것이 특징
엔도큐티클(endocuticle) : 친수성이며 알칼리에 약하다.

② 모피질(cortex)
· 모발의 85~90% 구성되어 있다.
·섬유다발형태로 피실세포의 탄력성과 질삼성을 결성한다. 과립상의 멜라닌 색소를 함유하고 있으며, 물과 쉽게 친화하는 친수성 때문에 약제작용을 쉽게하는 부분으로 퍼머넌트웨이브, 컬러링과 가장 관련있는 부분 단백질 결합구조물이다.

③ 모수질 (medulla)
· 모수질은 공기를 머금어 보온효과를 극대화한다.
모발의 중심부에 존재(모질에 따라 유무)한다.
· 펌시 모수질이 있을 경우 탄력이 뛰어나다.

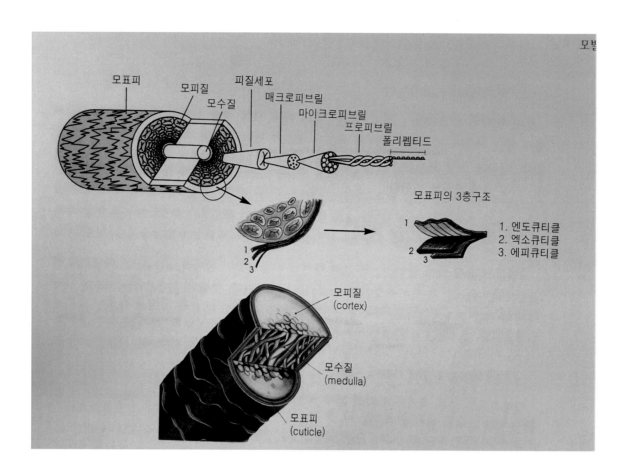

<모간의 구조>

④ 세포막 복합체 (cell membrane complex)
우리 모발은 여러겹 층으로 이루어져 있는데 이 경우 C.M.C가 없다면 각
층이 분리되어 모발이 부스러지는 현상이 발생된다(모발손상).
모피질과 모표피 사이에 존재한다.
모발의 내부 결합력 유지하며 흘러 다니는 유동체이다.
· 모발의 탄력성을 유지한다.
외부로 부터 이물질 침입에 의한 모발 손상을 막아준다.
모발 내부의 모피질에 침투하여 작용하도록 통로 역할을 한다.

2. 모발의 특징과 형태

1) 모발의 종류

모발은 크기와 모양에 따라 여러 가지 종류로 나누어지며 발생 부위와 시기 등에 따라서도 이름이 달라지는데 굵기와 길이에 따라 경모(硬毛)와 연모(毛)로 나눌 수 있다.

(1) 경모(teminal hair)
털이 굵으면서 긴 것을 경모라고 하는데 모수질과 멜라닌 색소를 지니고 있으며 머리카락이나 수염, 음모 등이 이에 포함된다.
① 길이에 따라
- 장모(長毛) : 길이가 1cm 이상으로 머리카락, 수염, 음모가 해당된다.
- 단모(短毛) : 길이가 1cm 이하로 눈썹과 코 털, 귀 털 등이 해당된다.
② 성호르몬의 영향
대다수의 체모는 잔털에서 굵은 털로 변모하는데 이것을 경모화(硬化)라 하고 사춘기의 성호르몬의 영향에 의해 성모(性)와 무성모로 구별된다.
성모는 수염이나 겨드랑이 털, 음모 등을 말하며 남성모는 남성에게만 나타나는 수염, 가슴 털 등이 있다.

(2) 연모 (lanugo hair)
털이 뱃속에 있을 때는 '생모' 또는 '태모' 라고 하고 출생 후에는 '배냇머리' 라 하는데 털이 짧고 가늘어 모수질이 없으며 멜라닌 색소가 적어 갈색의 색상으로 눈에 잘 띄지 않는다. 자라는 동안 연모는 이마와 얼굴 등에 주로 분포하고 사춘기 이후 겨드랑이 털, 음모, 수염 등이 경모로 변한다.

2) 모발 형태에 따른 종류

모발은 인종에 따라 달라지는데 모발 단면에 따라 직모(= 생머리, straigt), 파상모(= 반곱슬머리, Wave), 축모(= 곱슬머리, curly)로 나누어진다. 모발의 곱슬거리는 정도를 나타내는 수치를 모경지수라고 하며 동양인의 모경지수는 75~85로서 원형에 가깝고 흑인의 모경지수는 50~60으로 타원형에 가깝다.

(1) 직모(straight hair)
일반적으로 굵고 웨이브가 거의 없이 직선으로 자라 나온 모발이며 대부분 동양인에 많고 모발의 단면이 원형에 가깝다.

(2) 파상모(wave hair)
웨이브가 있는 모발로 주로 서양인에 많고 모발의 단면이 타원형이다.

(3) 축모(curly hair)
곱슬머리로 주로 흑인종에게 많고 모발의 단면이 편평한 형태로 납작형에 가깝다.

3) 모발 형태에 영향을 미치는 원인

(1) 유전
우리나라의 경우 곱슬머리는 선천성 곱슬모 25%, 후천성 곱슬모 28%로 전체 인구의 53%가 곱슬머리로 나타났다. 주원인은 유전적인 요인이었으며 곱슬머리의 유전자는 우성으로 양쪽 부모가 다 흑인인 경우 아이들은 거의가 곱슬머리인 반면 동양인의 경우 곱슬머리의 부모 사이에서 직모가 태어나는 것으로 보아 열성으로 추측된다.

(2) 모낭 형태의 차이
모발의 형태 차이에 따라 모근을 감싸는 모낭의 형태가 다른데 직모는 모낭이 정상적인 형태를 하고 있으며, 파상모는 모낭이 약간 구부러져 있고, 축모는 완전히 구부러져 있어 모발이 성장하면서 직모, 곱슬머리, 반곱슬 머리로 나타난다.

(3) 세포분열의 차이

모모세포에서 세포분열이 일어나 모발이 생성할 때 그 세포분열 속도 차이에 의해 형태가 변한다. 직모일 경우 세포분열 속도가 일정한 반면 곱슬머리가 될 수록 한쪽 세포의 성장속도가 다른 쪽보다 빨리 진행되어 모발은 굽은 구조가 나온다. 이 불규칙적인 세포 성장속도가 빠를수록 모발은 더욱 심한 곱슬머리가 된다.

4) 모발의 물리적 특징

(1) 모발의 질감 (texture)

모발의 표면의 느낌을 말하며, 모발의 질감은 모발의 직경과 관계가 있으며 그 직경에 따라 굵은 모발, 중간모발, 가는 모발로 구분한다. 또한 각 개인마다 다르고 영양 상태나 신체의 건강상태에 따라 달라진다. 일반적으로 모발이 가늘수록 모발의 염색, 탈색, 퍼머넌트 또는 열 하트 시술시간이 단축된다.

(2) 모발의 밀도(density)

두상의 일정넓이에 모발의 성김 정도를 말하는데 각 개인이 가지고 있는 모발의 수에 의의 검은색 모발의 밀도는 약 10만개 정도, 금발은 약 15만개 정도, 갈색 모발은 약 11만개해 결정되며, 모발의 수는 인종, 색상, 모질 등에 따라 다르다. 대체적으로 우리나라 사람정도, 붉은 모발은 약 9만개 정도이다. 정상적인 사람이 하루에 빠지는 모발의 수는 약55~100개 정도이며, 100개 이상이면 탈모증으로 간주한다. 일반적으로 모발의 수가 많은경우는 조금 큰 로드, 모발의 수가 적은 경우 작은 로드가 적당하며 슬라이스관계와 퍼머넌트 스타일에 따라 달라 질 수 있다.

(3) 모발의 탄력성 (elasticity)

모발의 탄력성이란 머리카락이 끊어지지 않을 정도까지 잡아당겼다가 놓았을 때 원래 상태로 다시 되돌아가는 성질을 말한다. 원래 모발의 케라틴은 코일모양의 스프링 구조로 되어 있어서 모발을 당겼다가 놓으면, 모발은 늘어났다가 다시 제자리로 되돌아간다. 이 성질을 모발의 탄력성(彈力性)이라 한다. 모피질의 폴리펩티드는 보통상태에서 나선형(a-helix)구조를 띠고 있다가 잡아당기면 사선(G-keratin) 구조가 되며 길이가 2배까지 늘어난다. 탄력성은 모발이 젖었을 때 더욱 증가되며 만약 과도하게 늘려 모발이 탄력성의 한계에 도달하면 다시 제자리로 돌아갈 능력을 잃어버린다. 이때 모발을 끊어지게 하는 힘을 인장강도라고 한다. 모발이 젖었을 때 탄성은 크지만 인장장도는 낮아진다.

탄력성은 마른 모발에서 20~30%, 젖은 모발에서 50~60%, 퍼머액에 젖은 모발에서 70% 정도로 나타난다. 그러므로 퍼머 와인딩(winding)시 너무 강한 텐션은 모발을 끊어지게 하는 원인이 된다.

(4) 모발의 강도(intensity)와 산도

모발의 강도는 모발을 당겼을 때 가늘게 되다가 결국 끊어지는데, 이때 모발에 걸린 하중을 말하며, 이때의 신장률을 신도(이)라 한다. 신장률은 개인차, 모발의 상태 특히 모발의 굵기에 따라서도 다르다. 모발의 강도와 신도의 평균적인 수치는 건강모의 신장률은 40~50%, 이때 신장강도는 140~150g 정도 된다. 건강한 모발일수록 강도도 강해지다.

손상모일 경우와 염색(coloring), 탈색(Bleach) 등을 한 모발의 강도는 저하된다. 한 가닥의 머리카락을 두피에서 뽑아내는 데 필요한 힘 즉, 고착력(固着力)은 약 50~80g 정도로, 평균 강도보다 낮으므로 모발을 잡아당기면 끊어지기 전에 뽑히는 것이다.

(5) 모발의 다공성 (porosity)

모발의 다공성(多孔生)이란 모발의 내부에 존재하는 공기층이 수분을 흡수하는 성질로 염색이나 탈색, 퍼머넌트 등의 화학처리로 인해 모발 속을 채우고 있는 단백질이 소실되어 모발조직 중에 빈 공간이 많아지는 것으로 수분 흡수도 빠르고 반대로 건조도 빨라진다.

또한 모표피의 상태에 따라 다공성의 정도를 결정짓기도 하는데 건강한 모발일 경우 모표피가 규칙적으로 겹쳐져 있어 약제를 과다하게 흡수하지 않으나, 손상모의 경우 모표피가 열려 있어 염색제, 탈색제, 펌제 등을 과다하게 흡수하여 방치시간이 단축되나 모발은 심하게 손상된다.

(6) 모발의 습윤성 (moisture)

모발은 공기 중의 습도가 높으면 수분을 흡수하고, 건조하면 수분을 빼앗기게 되는 성질이 있는데 이를 모발의 습윤성이라 한다. 모발의 수분 함유량에 따라 모발상태 가 달라지는데 심하게 건조할 경우 헤어크림(hair cream)이나 헤어트리트먼트(hair treatment), 각종 모발보습제 등을 사용하여 모발의 수분 함유량을 유지시켜 줄 필요가 있다. 모발의 수분 함유량이 10~15%일 때 가장 이상적이고 손상모일 경우는 10% 이하로 떨어지게 된다.

(7) 모발의 열변성(熱變性)

모발에 높은 열을 가하면 타면서 분해가 되며 특히 습도가 높은 경우는 낮은 온도에서도 쉽게 손상된다. 열이 모발에 미치는 영향은 건열(乾熱 : 건조한 열)과 습열(濕熱 : 습한 열)에 따라 다르다. 건열에서 외관적으로는 120℃ 전후에서 팽창되고, 130~150℃에서 변색이 시작되어 270~300℃가 되면 타서 분해되기 시작하지만 기계적인 강도는 80~100℃가 되면 - 케라틴이 8-케라틴으로 변한다. 반면 습열에서 시스틴의 감소는 100℃ 전후에서 볼 수 있고 130℃에서 10분간 두면 a- 케라틴이 B- 케라틴으로 변화한다.
60℃전후는 변성이 시작된다. 80~100℃는 모발 안의 수분이 증발하고 감촉이 나쁘다. 130~150℃는 부풀면서 변성하고 다갈색으로 변색한다. 모피질 안에 기포가 생기며 탄력이 없어지고 물러진다. 200~300℃는 큐티클(cuticle)이 녹고 탄화된다.

(8) 모발의 광변성(光變性)

태양광선은 파장이 긴 방향부터 적외선(infrared), 가시광선(visib light), 자외선(ultraviolet)으로 구분되는데, 이 중에서 모발에 영향을 미치는 것은 적외선과 자외선이 다. 적외선은 열선으로서 물체에 닿으면 열을 발생시키며 모발 케라틴은 그 열에 의해 어느 정도 측쇄결합이 파괴되어 손상을 받는다. 모발에 가장 영향을 미치는 자외선은 모발의 손상과 탈색을 유발시킨다. 실외 근무자들, 고원 또는 농촌이나 해안지대의 사람들에게서 퍼머넌트가 잘 형성되지 않거나 쉽게 풀어지는 현상이 나타나는 것은 바로 자외선에 의한 모발 케라틴의 변성에서 오는 것이다.

3. 퍼머넌트의 역사

퍼머넌트 웨이브의 기원은 고대 이집트 사회로 거슬러 올라가 BC3000년경 이집트인들이 나일강 유역의 알칼리 토양 진흙을 모발에 바른 후나무봉에 감아 태양열에 건조시켜 웨이브로 만든 것이 기원이 되었다.

생머리를 흔들고 곱슬곱슬하게 말려는 시도는 초기 문명으로 거슬러 올라간다. 이집트와 로마 여성들은 그들의 머리카락에 흙과 물의 혼합물을 바르고, 조잡하게 만들어진 나무 롤러에 싸서 햇볕에 굽는 것으로 알려져 있다. 물론 그 결과는 영구적이지 않았다.

1870년 마샬 그라또(Marcel Grateau)에 의해 웨이브를 만드는 기구인 아이롱을만들었고 1905년 영국 찰스네슬러(ChariesNesser)가 스파이럴식 고안하여 머리카락 가닥이 감겨 있는 금속 막대기에 전류를 공급하는 유선형의 기계를 발명했다. 이 무거운 장치들은 파마 과정에서 가열되었고 복잡한 균형 조정 시스템에 의해 두피에 닿지 않게 되었다.

1925년 조셉 메이어(Joseph Mayer)가 크로키놀식 방법을 고안하였다. 1936년 콜드펌을 영국 스피그먼(Speakman)에 의해 고안 시스틴결합을 절단하여 웨이브를 얻었다. 앞서 기술한 바에 의하면 퍼머넌트 웨이브의 기원은 고대로부터 이어졌고 근·현대적인 의미의 퍼머넌트 웨이브 기구 및 약재가 본격적으로 등장하는 1960년대부터 이루어졌다고 볼 수 있고 우리나라에선 1937년에 첫선을 보이게 되었고 동양인은 모발이 굵고 손질하기가 힘들어 서양인에 비해 퍼머넌트웨이브를 선호한다.

1) 1900~1910년대 스타일

현대적인 의미의 콜드 퍼머넌트 웨이브는 1940년도부터 보급되어 짐으로써 1900~1920년대까지의 기간은 진정한 퍼머넌트 웨이브라고 할 수 없으나 다양한 웨이브의 헤어 스타일을 연출하여 퍼머넌트 웨이브를 발견하는 기초가 되었다.

① 깁슨걸(Gibson girl) 스타일

19세기말에서 20세기초에는 모발의 길이에 약간의 증을 주어 롤을 말아놓은 것처럼 윤곽을 표현하는 깁슨걸스타일이 유행하였는데, 롱헤어 스타일의 머리 앞쪽은 약간 높게 하여 네이프에서 정돈하였고, 머리끝은 링이 나 네트의 다발로 해서

흘러내리게 하고 탑 부분을 낮게 만드는게 특징이었다. 굵은 웨이브를 줌으로서 두상을 크게 강조하던 이 스타일은 머리 양쪽을 부풀게 하여 귀여운 분위기를 자아냈다. 우리 나라에서 1900년대에 유행한 이 스타일은 동백기름을 바르고 머리를 달라붙게 하던 관습적인 머리형태에서 탈피한 획기적인 스타일이 었다.

②원롤(One roll) 스타일

원롤 스타일은 웨이브를 줄이고 심플한 디자인으로 앞머리를 부풀려서 빗어 넘기는 깁슨걸 스타일의 변형된 스타일이다. 전체적으로 컬을 하나의 롤로 만들어 앞머리를 높게 한 이 스타일은 싱을 넣어 머리를 거 보이게 하던 르네상스시대보다는 높이가 낮아졌다.

우리 나라에서는 이 스타일을 한때 일본풍이라 하여 기피하기도 했으나 신여성들 사이에서는 매우 선호되었으며, 온화하고 부드러운 느낌을 자아내도록 젊은 여성의 머리형에서 아이론으로 자잘하게 컬을 내어 앞이마를 덮어 뱅(bang)을 만들고 나머지는 뒷부분으로 넘겨 져 올백 스타일이 되도록 변형되어 유행되기도 하였다.

③ 퐁파두르(Pompadour) 스타일

　1900년대 초 유행하던 퐁파두르 스타일은 가르마를 하지 않고 미리카락을 두상에 붙여 빗어 올려 머리 뒤에서 정리해 양쪽 귀 밑으로 애교머리를 내놓는 식으로 표현됐다.

　우리 나라에서는 1906년에 미국 공관장이 었던 김윤창의 부인이
양장에 퐁파두르 머리를 하고 꽃으로 장식한 모자를 쓰고 귀국하여 장안의 화제가 되기도 하였다. 오늘날의 미용계에서도 퐁파두르 스타일은 올린 머리 스타일의 대명사로 통하기도 한다. 1907년에는 짧은 머리를 곱슬거리게 하는 마샬 웨이브(marcel wave)가 유행했다.

2) 1920년대 스타일

① 보브(Bob) 스타일

　이 시기는 미용실이 흔하지 않아 대부분 가정에서 머리를 손실했는데 특별한 기술 없이 하나로 묶어 정리하는 정도였다. 우리 나라에서는 해외 유학파들에 의해서 기술이 보급되어 전문 미용인 배출되고 미용학원이 생기났으며 이러한 서구문화의 보급으로 인해 미용실이 생겨났다.

　서양에서는 제1차 세계대전과 여성운동의 영향으로 인해 앞머리와 옆은 비교적 짧은 단발을 하고 뒷머리는 길게 두고 웨이브를 만드는 보브 스타일이 유행했는

데, 이는 단순함과 기능성에 대한 추구가 머리형태에도 나타난 것이다.

　우리 나라에서 이 시기에 단발머리와 함께 흐트러진 곱슬머리에 터번을 사용해 묶고 다양한 길이를 주는 보브 스타일이 유행과 더불어, 찰랑거리는 스트레이트 단발과 전체적으로 부드러운 웨이브를 주는 여성스럽고 우아한 느낌의 큰 웨이브의 단발이 유행하였는데, 대표적으로 당대 최고의 예술가이자 현대무용가인 최승희의 헤이스타일은 스트레이트 단발로 샤프하고 심플한 이미지를 강하게 어필한 보브 스타일의 대명사로 평가 어졌다.

3) 1930년대 스타일

① 퍼머넌트 웨이브 스타일

1930년대의 헤어스타일은 보이쉬(boyish)하고 짧은 머리 스타일은 퇴조하고 부드러운 웨이브와 여성스러운 긴 머리와 부드러운 실루엣이 강조되면서 퍼머넌트웨이브가 유행을 하게 되었다.

또한 경제공황을 맞아 생활이 힘들어지자 많은 사람들이 현실을 잊고 즐길 수 있는 영화를 찾게 되었고, 헐리웃은 전성기를 맞이하게 되었다. 이때부터 영화배우의 화장법이나 의상 헤어스타일이 일반 대중들에게 큰 영향을 주게 되었다.

당시 퍼머넌트 웨이브는 두발에 물리적, 화학적인 방법을 가함으로써 웨이브의 형태를 지속시킬 수 있어서 헤어스타일을 완성시키기 위한 전처리로 사용되었다. 이러한 퍼머넌트 웨이브는 아이론 등을 이용하여 웨이브의 형태를 변화시켜 머리 형태를 만듦으로서 웨이브의 지속력이나 탄력 등이 훨씬 좋아지게 된 것이다.

1930년대에서 1935년까지는 이마에는 아무 장식도 하지 않고 모발을 그냥 둔 채로 미리모양을 만드는 스타일이 유행하였다. 곱슬거리는 퍼머넌트 웨이브를 한 다음 옆 가르마나 가운데 가르마를 하고 모발을 귀가 보이지 않게 내렸으며, 귀 뒷부분에는 알루미늄 셋팅기로 등 글게 물결무늬의 핑거 웨이브(finger wave)를 만들었다.

불에 달군 아이론을 이용하여 웨이브를 부드럽게 만들었기 때문에 컬에 탄력이 있고 웨이브의 지속성이 좋아졌으며, 더 길어진 머리에 머리핀이나 터번을 함께 사용하기도 했다. 이 시기에는 질감과 양감을 강조하는 인형의 머리처럼 롤이 많아 더 곱슬거리고 부풀린 형태의 흑인 머리 같은 킨키(kinki) 헤어가 아프리카 룩(africa look)과 더불어 선보였다.

우리 나라에서도 당시 젊은 여성들이 긴 머리를 자르고 퍼머넌트 웨이브를 하기 시작했으며, 열을 이용한 아이론 웨이브나 히트 퍼머넌트 웨이브로 웨이브를 만든 우아한 스타일이 유행하였다.

4) 1940년대 스타일

① 링고(Lingo) 스타일

링고 스타일은 유행에 민감한 여성들과 배우 그리고 카페나 요정의 여성들 사이에 유행했던 머리형으로서 프린지(fringe)를 잘라 위로 향하게 둥글게 말아서 붙

인 것으로 마치 바나나 한 개를 올린 것 같은 웨이브를 내고 뒷머리는 롤을 말아서 앞머리와 비슷하게 바깥말음을 사용하였다.

② 아이론 웨이브(Iron wave)

아이론 웨이브는 머리에 기름을 발라 종이를 대지 않고 아이론으로 둥글게 말아 올리는 지라시라는 스타일이 유행하였으며, 그 후 시간이 지나면서 웨이브를 부드럽게 하기 위해 머리를 말 때 종이를 대기도 하였다. 업스타일이 나 웨이브를 내기 위해서 마샬로 컬을 말아서 셋팅을 하고 원통형의 드라이기로 말려서 웨이브를 고정시켰다. 당시 퍼머넌트 웨이브는 아이론을 하기 위한 전 단계로서 웨이브의 지속력을 주기 위한 개념으로 볼 수 있었다.

퍼머넌트 웨이브의 머리를 굵은 웨이브의 셋팅 혹은 마샬로 손질하였다. 생머리의 경우 약간의 층을 내어 머리 끝을 둥글게 말아 바깥말음을 하였다. 우리 나라에서는 묶는 머리나 평범한 가미머리에 익숙해 있던 일반 여성들도 퍼머넌트 웨이브나 셋팅 또는 아이론으로 웨이브를 만들어 댓을 부렸다.

5) 1950년대 스타일 - 콜드 퍼머넌트 웨이브와 숏 커트 스타일

평화 시대에 접어든 1950년대는 경제가 발선하고 풍요로운 가운데 미국이 주도하여 젊은이들이 문화의 유행을 이끌어 나간 시기이기도 하다. 1950년대 젊은이들 사이에는 마릴린 먼로(Marilyn Monroe)가 즐겨하던 머리카락 3인치 정도의 길이를 큰 롤로 감아 만든 둥근 모양의 버블 (bouble) 스타일, 오드리 햅번(Audrey Hepburn)의 불규칙한 앞머리에 짧은 머리모양의 픽시 거트(pixie cut), 브리짓도 바르도(Brigitte bardot)의 단정치 못한 듯한 흐트러진 헤어 스타일 등이 유행하였다.

우리 나라에서는 6.25 전 까지는 주로 전기 퍼머넌트 웨이브였으나 전쟁 후 전력공급이 중단되어 불 퍼머넌트 웨이브를 개발하였다. 불 퍼머넌트 웨이브는 지금의 번개탄과 비슷한 손가락 크기의 가봉이라는 퍼머넌트 웨이브 기기에 불을 붙여 퍼머넌트 웨이브 집게의 양쪽에 두 개씩 넣어 은박지를 대고 머리를 말아서 퍼머넌트 웨이브를 하였다.

이때 가봉의 재가 떨어지고 불똥이 튀어 옷에 구멍이 나고 화상을 입는 불편함과 번거로움에도 불구하고 퍼머넌트 웨이브 머리가 유행했고, 미군부대 근처의 양공주들의 강한 컬의 콜드 퍼미넌트 웨이브와 미국 잡지나 영화의 유입으로 점점 더 서구화된 헤어스타일이 확산되었다.

6) 1960년대 스타일 - 다양한 커트와 히피 (hippie) 스타일

1960년대는 교통 및 통신의 확대와 이에 따른 도시화의 촉진 그리고 대중매체의 대량 보급이 이루어진 시기이며 이러한 대중매체의 대량 보급
을 통해 의상, 헤어스타일, 메이크업 등 전 분야에 걸쳐 새로운 유행의 시작을 알리는 황금기였다고 할 수 있다. 특히 머리모양의 변화가 많았는데 기술의 향상과 다양화로 커트형의 머리모양이 유행하였다.

1960년대초에 여성들은 머리를 과도하게 부풀리는 형인 부판트 (bouffant)를 좋아했는데 재키 케네디의 스타일을 많은 여성들이 모방했다. 또한 영국의 10대 모델인 리즐리 허니(트위기, Twiggy) 가 입은 메리컨트(Mary Quant)의 미니 스커트와 더불어 트위기의 짧은 머리도 선풍을 일으켰는데 이 영향으로 우리 나라에도

1965년에 윤복희가 짧은 숏 커트에 미니 스커트를 입고 귀국을 한 후 이 두 가지에 대한 붐이 일어나게 되었다.

7) 1970년대 스타일 - 콜드 퍼머넌트 웨이브(Coldpermanent wave)와 펑크(Punk) 스타일

1970년대는 여성들이 다양하고 적극적으로 사회 활동에 참여하면서 개성 있는 퍼머넌트 웨이브 스타일을 연출하였다. 여성들은 대부분 미용실에서 헤어스타일을 연출하였는데, 바쁘게 사회활동을 하는 여성들에게는 간편하게 시간을 절약하고 자신의 개성을 표현할 수 있는 퍼머넌트 웨이브 스타일이 유행하였다.

이 시기에는 젤이나 무스, 스프레이 등을 사용하여 머리형태를 도발적으로 만든 펑크스타일이 유행하였는데, 이는 머리를 불규칙적으로 잘라서 뾰족하게 만든 다음 젤이나 무스 스프레이를 이용하여 고정시켜서 마치 머리에 뿔이 난 것처럼 보이게 했으며, 머리 양쪽을 바짝 자르거나 사이드 부분에 면도를 하고 마치 수닭의 벼슬처럼 머리카락을 꼿꼿이 세운 형태의 스타일을 보이기도 했다. 또한 정형화된 단발에 식상한 세대들이 비대칭적인 스타일 변화를 추구하면서 언발란스(unbalance) 스타일도 유행하였다.

1970년대 말에는 브로우 드라이(blow dry)라는 새로운 기구를 사용하여 그 동안 아이론을 이용했던 딱딱한 분위기의 웨이브를 소프트하면서도 자연스러운 웨이브 스타일로 연출하였다. 특히 브로우 스타일 중에서도 바람에 날리듯 자연스럽다고 해서 이름 지어진 바람머리 스타일이 유행하였다.

이마를 거의 가린 듯한 형태로 청순한 이미지를 풍기는 이 스타일은 영국의 황태자비인 다이애나가 주로 애용했던 스타일로 삽시간에 유행이 번졌다. 이 브로우

스타일은 퍼머넌트 웨이브 머리에 브로우 드라이로 부드럽고 유연하게 연출했는데 현재에도 많이 유행하고 있는 스타일의 하나이다.

8) 1980년대 스타일 - 다양한 퍼머넌트 웨이브 스타일 유행

　1980년대는 커트와 퍼머넌트 웨이브가 매우 다양해지고 최신 미용기구도 많이 선 보였다. 1980년대 초반에는 젊은 여성층들이 웨이브에 싫증을 느껴 스트레이트 퍼머넌트와 긴 머리에 굵게 살짝만 웨이브를 준 퍼머넌트 웨이브가 유행했으며 무스와 젤, 스프레이 등을 이용한 앞머리를 세우는 스타일이 유행하였다.

　1984년에는 이전의 직선커트의 보브 스타일보다 앞머리를 자연스런 퍼머넌트 웨이브를 주고 뒷머리는 클립피(clipper)로 머리 결을 밀어 올리는 2단층 보브와 상고 단발형이 유행하였다. 이 스타일은 전체적으로 층이 가볍게 연결되면서 단발의 끝선이 턱 끝 위로 올라간 형태이며, 앞이마에 머리숱을 솎아 내는 틴닝(tinning) 커트로 가볍게 머리를 살짝 내려놓아 여성적인 부드러움을 살린 것으로 여학생들이 주로 애용하였다.

　1980년대 말에는 긴머리의 굵은 퍼머넌트웨이브 스타일과 함께 생머리에도 스트레이트 퍼머넌트를 많이 했으며, 퍼머넌트의 종류가 많아져서 기본형의 퍼머넌트웨이브에서부터 형태에서 웨이브를 굵고 자연스럽게 나타내는 핀컬 퍼머넌트 웨이브, 부메랑 퍼머넌트웨이브 등 다양한 형태의 퍼머넌트웨이브가 성행하였다.

9) 1990년대 ~ 현대 스타일 - 개성 추구형 복고풍 스타일

1990년대에는 개성을 추구하는 풍조가 자리잡은 시기로 자신에게 맞는 다양한 스타일이 공존했다. 퍼머넌트 웨이브의 종류는 퍼머넌트 웨이브 로드 모양이나 퍼머넌트 웨이브가 형성된 과정 또는 제품 등에 의해 명명되어 졌으며,여러 종류의 퍼머넌트 웨이브가 유행하였다.

1900년대 초에는 60년대의 스타일을 현대감각에 맞게 변화시킨 스트레이드와 자연스러운 스타일이 유행하였다. 또한 셋팅과 아이론이 재등장하였으로 모발을 자유스러운 현대감각에 맞게 바깥말음이나 안말음을 함으로써 딱 했던 60년대의 분위기와는 다른 여성스러운 분위기가 연출되었다.

한편으로는 복고풍과는 무관하게 개성을 추구하는 헤어스타일이 유행하였으며 굵은 웨이브 퍼머넌트에 무스나 젤을 발라 웨이브를 그대로 살리는 경쾌한 스타일이나 자유분방하고 톡톡 튀는 스타일이 젊은이들 사이에 유행하였다. 90년 초에는 로맨틱 보브(romantic bob)라는 스타일이 유행해 앞머리와 옆을 자연스럽게 큰 롤로 웨이브를 주고, 크라운 부위에 볼륨을 주는 스타일이 중년 여성들 사이에서 유행되었다.

90년대에는 머리끝과 전체적인 느낌을 중시하여 질감이나 양감을 예민하게 나타낼 수 있는 레저 커트(razor cut)가 주를 이루었으며 가위로 커트한 1낌보다는 레저로 에칭(etching)한 커트는 머리끝이 가볍고 부드러운 느낌이 잘 표현됐다.

4. 퍼머넌트 웨이브(Permanent wave)의 정의

퍼머넌트 웨이브(Permanent wave)란 영구적인, 영속적인 물결이란 뜻이며, 모발 내 시스틴 결합의 환원작용과 산화작용을 이용하여 영구적인 웨이브를 만드는것으로 모발의 물리적, 화학적 방법을 사용하여 모발의 구조와 형태를 오랫동안 변화시켜 놓은 것이다.

 퍼머넌트웨이브는 커트로 완성된 두발 형태위에 볼륨감과 방향감의 효과를 얻어 모발의 다양한 질량감을 표현하는 것으로 헤어 퍼머넌트 웨이브(이하 헤어펌)는 모발에 영구적이고 연속적인 물결을 만든다는 의미이다. 모발의 구조와 성질을 이용하여 환원작용과 산화 작용으로 모발의 측쇄 결합인 곁사슬 중에 황결합의 환원과 산화 작용을 이용하여 영구적인 웨이브를 형성시키는 것을 펌 웨이브라하고 우리나라에선 1937년에 첫선을 보이게 되었고 동양인은 모발이 굵고 손질하기가 힘들어 서양인에 비해 퍼머넌트웨이브를 선호한다.

 헤어펌을 하기 위해서는 모발, 펌 약제, 기술 등의 구성 요소가 필요하다. 일반적으로 헤어 퍼머넌트 웨이브라는 풀 네임(full name)보다는 펌, 퍼머, 파마라고 불리고 있다. 헤어펌은 헤어 커트 후에 커트 디자인의 완성도를 높이고, 두상의 모양을 보완하며, 새로운 헤어스타일을 만들 때 사용한다. 또 헤어스타일의 손질을 편리하게 하며, 개성을 살릴 수 있다. 남녀노소를 막론하고 폭넓은 연령층의 헤어스타일에 적용되고 있다.

 퍼머 디자인은 디자이너가 고객에게 제공할 수 있는 가장 창의적이고 수익성 있는 서비스 중 하나라고 할 수 있다.

퍼머넌트 웨이브를 하기 위해서는 모발, 펌 약제, 기술 등의 구성요소가 필요하며 일반적으로 일상생활에서 그 풀 네임 (full name) 보다는 펌, 퍼머, 파마라고 불리고 있다. 현재의 미용 산업 현장에서 펌은 웨이브 (wave)와 스트레이트 (straight)가 공존하므로 '영구적인 또는 영속적인' 뜻으로 퍼머넌트 웨이브는 헤어 커트 후에 커트 디자인의 완성도를 높여주고, 두상의 모양을 보완하며 새로운 헤어스타일을 만들어 심미적 안정감을 추구할 때 사용된다. 또한 헤어스타일의 손질을 용이하게 하며 개성을 살릴 수 있는 장점이 있어서 남녀노소를 막론하고 폭넓은 연령층의 헤어스타일에 적용되고 있으며, 다양한 크기와 모양의 에이브 또는 직모(straight)를 만들어 모발의 질감(textyre)을 변화시킬 수 있다.

퍼머넌트 웨이브에서 나타나는 효과를 살펴보면, 가는 모발에는힘을 줄 수 있으며 굵고 강한 모발에는 유연성을 부여할 수 있다. 그리고 모근의 흐름을 어느정도 조절할 수 있으며 볼륨을 만들어 낼 수 있다. S의 웨이브로 자연스러운 연결을 만들어 주며, 웨이브진 모발을 직모로 만드는 교정도 할 수 있다. 개성에 맞는 헤어스타일을 연출할 수 있으며 얼굴형과 두형의 단점을 보완하는 작업이 가능하며 세팅을 하기 위한 선행 작업으로 새로운 헤어스타일을 추구할 수 있다. 다시 한번 정리한다면 모질개선은 본래의 가지고 있는 모질을 개선하고 볼륨감, 컬감은 펌으로 모류의 보정이나 볼륨감, 원하는 컬을 얻을 수 있다.

펌 테크닉으로는 스타일(볼륨, 윤기, 율동) 조직으로 손질이 편한 예쁜 스타일을 연출한다. 모든 예술 분야와 마찬가지로 헤어디자인은 형태, 질감, 컬러 세가지의 기본 요소로 되어 있다.

펌 디자인은 또한 헤어디자이너가 고객에게 제공할 수 있는 가장 창조적이며 수익성이 높은 서비스라 할 수 있다. 디자인의 구성요소와 디자인 원칙을 적절히 적용하여 창조적인 헤어스타일을 연출 할 수 있도록 한다.

1) 형태

어떤 물체의 모양이나 윤곽을 3차원적으로 표현 한 것이다.

헤어디자인에서 형태는 어느 방향으로든 확장이 가능한 부피나 볼륨을 일컫는다. 형태를 제대로 보고자 한다면 앞, 뒤, 위, 옆을 비롯 모든 각도에서 디자인을 보아야 한다.

형태의 분류 - 헤어디자인에 있어서 일반적으로 형태는 구형, 편구형, 장구형형태 내에서의 방향 - 시계 (c.w) 반 시계 (cc.w)

C컬 (clock wize wind curl)시계 돌아가는 방향으로 컬을 만다.CC컬 (counter clock wise curl)시계 돌아가는 반대방향으로 컬을 만다.

2) 질감

어떤 면의 모습이나 느낌을 뜻한다. 곱슬거린다. 부드럽다. 거칠다,오돌

토돌하다, 혹은 매끄럽다와 같은 말은 질감의 성질을 묘사하는 말이다.
질감의 속도 - 느린 웨이브 - 중간 - 매우 속도감이 있고 엑티베이트한
질감의 특성-질감의 패턴, 즉 기구의 모양을 일컫는다.

3) 컬러

컬러는 어떤 디자인에 깊이 차원과 빛의 반사를 더해 주는 요소이다.
고객의 모발 색상에 맞춰 시술하기 때문에 이 색상이 마지막 디자인에
끼치는 영향을 고려해 보아야 한다. 컬러는 착시현상을 일으켜 전체머리
형태 또는 그 여러 형태의 어느 한 부분에 시선을 집중시킨다.

4) 펌디자인 설계구성

형태, 질감 및 색상 이 세 가지 요소의 예술적, 보완적 결합은 성공적인 디자인
구성을 구성하는 요소 중 요소가 시각적으로 우세하다고 할 수 있다.

(1) 구조 및 형태
형태는 설계의 3차원 형상 또는 실루엣으로 정의할 수 있다. 이 모양은 머리 모
양 또는 머리 모양에 따라 결정되고 양식은 모든 설계의 기초로 간주된다.

(2) 질감 및 형태

우리는 직감을 직선, 파동, 곱슬, 각도로 분류한다. 디자이너들은 많은 자연 질감을 가지고 일하지만, 이 과정에서는 퍼밍 또는 화학 개혁을 통해 질감이 추가된다. 퍼밍 효과에는 볼륨, 방향 이동 및 표면 질감이 포함된다. 텍스쳐는 폼의 실루엣을 확장시키고 더 짧은 길이의 착각을 일으킨다.

(3) 색상

색상은 빛이 주어진 물체에서 반사될 때 얻어지는 시각적 효과이다. 머리색은 디자인의 다른 요소들을 통일하거나 눈을 초점으로 끌어당기는 데 사용될 수 있다. 색의 효과는 미묘하고 신중한 것에서부터 대담하고 변형적인 것까지 다양하다.

(4) 디자인 설계원리

디자인 원리는 창조적인 예술가들이 많은 예술 형태에서 사용하는 배열 패턴이다. 다음의 설계원리는 퍼머 설계에 가장 많이 사용되는 패턴을 식별한다.

① 반복

위치를 제외한 모든 방법이 동일한 경우.

파마 설계 전체에서 동일한 모양과 직경 퍼머 도구를 반복하면 반복적인 텍스처가 만들어진다.

② 진행
모든 단위는 비슷하지만 오름차순 또는 내림차순으로 크기와 모양이 점차 변경된다.

③ 대조
바람직한 상대 관계로 파마 도구를 선택한 영역에 배치하고 부분 또는 둘레 전용 파마 설계에서처럼 다른 영역을 파마하지 않음으로써 극단적인 차이를 만들 수 있다.

④ 교대

한 특성에서 다른 특성으로 순차적 변경 후 다시 돌아가고 도구 지름 또는 도구 모양을 번갈아 사용하면 질감이 혼합됩니다. 자연스러운 컬 패턴의 혼합을 닮도록 로드 직경의 대체를 선택할 수 있습니다.

  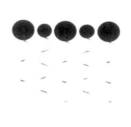

5. 퍼머넌트 웨이브 원리 및 과정

1) 퍼머넌트 웨이브(Permanent wave)의 원리

모발은 크게 3층 구조로 나뉘는데 모발의 겉 표면을 둘러싸고 있는 모표피, 모발의 80% 이상을 차지하는 피질세포와 세포 간의 결합물질로 구성되어 있는 모피질, 모발 중심부에 있는 모수질로 나뉜다.

그 중 모피질은 탄력성이 풍부한 섬유상 경단백질로 다른 단백질에 비해 황(S)의 함유량이 많다. 이는 아미노산 구성성분 중 황을 함유한 시스틴의 이황화 결합을 멜캅단류Mercaptane Group), 화합물인 환원

제로 절단시켜 시스테인 (Cysteine)으로 되며, 산화제에 의하여 시스틴으로 다시 재결합되는 것이 피머넌트 웨이브의 원리이다.

모발은 케라틴(keratin)과 18가지의 아미산의 주쇄(Polypeptide) 결합으로 나선형 구조로 되어있으려 인접한 주쇄 결합은 수소 결합, 시스틴 결함, 염 결함, 소수성 결합 등에 의해 단단한 그물모양의 연정구조를 띄고 있다. 때문에 모발은 탄력성이 풍부하며 모발을 손으로 당겼다가 놓았을 때 원래의 형태로 돌아가려고 하는 복원력이 높은 편이다. 모발 결합 중 가장 강한 결합인 시스틴 결합(S-S, disariae.bond)이 퍼머넌트 웨이브 형성에 가장 큰 영향을 미친다. 이황화 결합(Disulfide bonds)은 환원제에 의해 절단되어 시스테인(cysteine)으로 전환되며 산화제에 의해 다시 새로운 결합을 형성하여 모발에 지속성이 있는 웨이브(Wave) 또는 스트레이트(Straight) 형태로 새롭게 형성시킨다.

이러한 원리는 열을 이용한 히트 퍼머넌트 웨이브와 약제만 활용하는 콜드 퍼머넌트 웨이브에 공통되게 적용된다.

아미노산	함유량	아미노산	함유량
시스틴	16.6~18.0	발린(필)	4.7~5.5
글루타민산	13.6~14.2	알라닌	2.8~4.4
이소류신(필)	11.1~13.1	페닐알라닌(필)	2.4~3.7
아르기닌(필)	8.9~10.8	티로신	2.2~3.1
세린	7.4~10.6	류신	1.9~3.3
트레오닌(필)	7.0~8.5	히스티딘(필)	0.6~1.2
아스파라긴	3.9~7.7	메티오닌(필)	0.7~1.0
프롤린	4.3~6.7	트립토판(필)	0.4~1.0
글리신	4.1~6.5	리신(필)	0.2~0.8

붉은색 – 산성 아미노산, 파랑색 – 염기성 아미노산, 검정색 – 중성 아미노산, 보라색 – 황을 함유한 아미노산, (필) – 체내 생성되지 않는 필수 아미노산
● 친수성 아미노산 〈–〉 나머지 소수성 아미노산

이러한 과정을 거쳐 퍼머넌트 웨이브가 형성되는데 황 결합을 끊는 과정을 '환원 작용'이라 하며, 결합되는 과정을 '산화작용'이라 한다. 모발이 환원상태가 되려면 환원제가 모발 내부에 침투해야 하는데, 이때 용액의 침투를 위하여 모표피가 열리도록 도와주는 것이 암모니아 (Ammoria), 모노에탄올아민 (Monoethanolamine), 중탄산암모늄(Ammonium carbonate), 중탄산나트륨 (Sodium bicarbonate)과 같은 얼칼리제이다.

 환원 및 산화 환원 및 산화라는것은 화학 용어이고, 화학적인 현상을 표현한 것이다. 일반적으로 사용되는 말의 해석과는 다른 경우가 있다. 화학적인 현상을 표현한 것이다.

일반적으로 사용되는 말의 해석과는 다른 경우가 있다. 화학용어로서 정의 내리면 환원 산화라는것은 다음과 같다.

(1)환원

환원작용이란 1액(환원지의 도포로써 케라틴을 연화시키고 Cyline을 절단하는 과정이다. 시스틴결합을 절단하면 모발의 강도 및 탄력이 떨어지게 되며 알칼리에 대한 저항력 또한 낮아진다.

퍼머넌트의 원리는 모발 케라틴 구조의 특성에 기초를 두고 있는데 특히 이황화물 교차 결합 S-5.관계된다. 퍼머넌트의 제1액인 환원제는 수소원자를 방출 할 수 있는 티오글리콜산이 포함되어있으며 모발에 적용 시 큐티클이 팽창되며 모발 질감이 미끄럽고 부드러운 질감으로 변화가 일어난다.

퍼머넌트 1제는 S-S 결합을 전달시켜 기존에 결합을 분리시키고 새로운 형태로 와인딩을 하게 되면 단백질 섬유는 서로간의 위치가 바뀌게 된다.

물질이 산소를 잃어버리고 수소와 결합히는 괴정을 거친다..

① 물질이 산소(O)를 잃는다.
② 물질이 수소(H)와 화합한다.
③ 원자나 이온이 전자를 얻는다.

(2) 산화
산화작용을 일으키는 용액으로는 과산화수소, 브롬산나트륨(NaBro), 브롬산칼륨 (KBrO) 이 주로 사용되며 환원제에 의해 절단된 시스틴을 재결합시키는 산화작용, 정착작용 및 중화작용을 한다.

퍼머넌트의 제2제는 산화제 또는 중화제라고 한다. 산화제는 산소를 방출할 수 있는 과산화수소, 취소산칼륨, 취소산 나트륨 등을 포함하고 있는데 모발에 스며 들어 환원제에 의하여 방출된 수소원자와 결합하여 H.O를 형성하며 수소를 잃은 황 원자는 다시 시스틴 결합을 이루게 된다. 그렇게 함으로써 기계적인 원리에 의하여 새로운 형태로 끊어진 시스틴 결합을 재구성하게 된다.

물질이 산소와 다시 결합하고 수소를 잃어버리는 과정을 거친다.

① 물질이 수소(H)를 잃는다.
② 물질이 산소(O)와 화합한다.
③ 원자나 이온에서 전자를 잃는다.

헤어 웨이브의 목적으로 'S자 물결 모양으로 된 과상을 만드는 것을 웨이브(wave)라 한다. 모말에 웨이브를 만드는 목적은 아름다운 헤어스타일을 연출하는데 있으며 웨이브를 만드는 광험에 다라 핑거 웨이브, 컬 웨이브, 아이론웨이브 등이 있다.

2) 열 펌(Heat permanent wave)의 원리

열 (Heat permanent wave) 이란 치오글리콜산의 작용과 알칼리의 가수분해의 원리를 이용한 것으로 알칼리의 가수분해를 위해 최소 500 의 온도를 모발에 적용하여 열기구를 사용하여 원하는 형태를 만들고 화학 반응에 의해 그 상태를 유지하는 것이다.

열 펌은 모발에 펌제 제1액 환원제)을 도포하여 측쇄결합을 끊고 1액을 물 또는 샴푸제를 사용하여 개곳이 세척하는 것을 기본으로 한다. 1 제가 모발에 남아있을 시 고온이 모발에 닿게 되면 지모, 설모등의 부작용이 생길 수 있다.

그 후 모질과 희망하는 결과 형태에 따라 수분과 열을 조절하고 기계로 물리적 시술을 가하여 형태를 만든 후 고정하기 위해 체 제2제 산초제를 사용하여 그 형태의 유지력을 높인다.

수분의 역할은 1백에 의해 훨원된 모발을 사용기구의 굵기 지름의 웨이브나 스트레이트 형태로 만들이 흐트러지지 않고 그 상태로 유지하기 위해 수분을 이용한다. 모발에 물을 적시고 변형을 가해준 상태에서 모발을 건조시키면 변형된 상태(웨이브)를 유지할 수 있다. 수분의 양이 적으면 모발표면이 부스러지고 물의 양이 많으면 모양이 변형이 된다.

단바질은 물에 의해 가수분해를 일으킨다. 수소 결합은 산소와 수소 사이의 잡아 당기는 힘으로 결합하는 것으로 모발에 수분을 가해주면 단절되고 수분을 제거해 주면 다시 결합하는 것을 말한다.

(1) 모발과 열의 관계

우리 모발은 약 90%가 케라틴 단백질로 구성되어 있으며 케라틴은 열에 의한 영향을 많이 받는 성질을 가지고 있어 퍼머넌트 웨이브 시술 시 적용 온도는 매우 중요하다. 모발 내 적정 수분량은 평균 10~15%를 지니지만 블로 드라이, 아이롱. 전기 세팅 등의 열기구가 모발에 닿게 되면 수분이 과증발하면서 모발의 변형이 일어나기 시작한다. 젖은 상태의 모발과 건조된 모발과는 차이가 있는데 건조된 상태에서는 80~100℃가 되면 모발 강도가 약해지기 시작한다. 120℃ 전후의 열이 모발에닿게 되면 팽화되고 130~150℃에서 모발 변색이나 시스틴 감소 등의 변화가 일어나기 시작한다.

180℃ 이상 온도에서는 케라틴의 변성이 일어나기 시작하고 270~300℃의 온도가 되면 타서 분해가 되는 탄화현상이 일어난다.

젖은 상태의 모발에서는 100℃ 전후에서 시스틴 감소가 시작되며 130℃ 부터 ① -케라틴이 3-케라년으로 변성이 시작된다.

특히 열 펌은 열과 압력에 의한 물리적 작용과 수분 및 열작용의 원리를 이용한 것으로 용액이 모발에 닿아 시스틴 결합이 끊어진 상태로 열이 닿게 되면 케라틴 구조 및 손상이 배가 될 수 있어 펌 시술 시 모발에 적용하는 열은 매우 유의하여야 한다.

(2) 모발과 수분의 관계

정상모발의 수분 함유량은 평균 12% 내외를 기준으로 한다. 모발 내 수분의 최대 흡수량은 약 25%정도이며 손상모발의 수분 함유량은 10% 미만이다. 퍼머넌트 웨이브 시 수분 조절은 온도 만큼이나 중요한데, 펌 종류 및 모질에 따라 석용 온도 및 시간이 다르기 때문에 달리 적용할 필요성이 있다.

모발 내 적정 수분량이 유지되지 않을 시, 퍼머넌트 웨이브 시술 후 큐티클이 들떠 빛 반사가 난반사되는 현상, 건조해져서 쉽게 정전기가 일어나는 현상, 모피질 층의 간층 물질이 쉽게 유실되어 퍼머넌트 웨이브의 유지력이 낮아지는 현상 등이 발생하게 된다.

퍼머넌트 웨이브 종류에 따른 적정 수분량은 다음과 같다.

퍼머넌트 웨이브 종류에 따른 적정 수분량은 매직 스트레이트 약 15%,

볼륨 매직 약 17%, 디지털 & 세팅약 20%, 콜드펌 약 50%를 차지 하고 있다.

(3) 모발과 pH의 관계

모발을 위한 이상적인 pH는 4.5~5.5의 약산성의 수치로 음이온과 양이온의 개수가 유사해지는 시점이다. 이를 모발의 등전점' 이라고 한다.

pH의 수치가 낮아지면 산성의 성질을 띄며 모발은 수축되거나 경화되는 변화를 가진다. 너무 산성수치가 높을 경우 바스러지기도 한다. pH의 수치가 높으면 알칼리의 성질을 띄고 모발은 팽윤되거나 연화되는 변화를 가진다. 너무 알칼리수치가 높아지면 큐티클이 부풀어 올라 탈락될 수 있다.

너무 산성이면모발이 바스러진다.

모발을 위한 이상적인pH 4.5~5.5너무 알칼리성이면모발이 부어올라 용해됨

3) 헤어 웨이브 각부의 명칭

시작점과 종지점(wave cycle)

같은 모양의 S자형 웨이브가 여러 개 이어질 때 하나의 웨이브가 시작되는 점(시작점)에서 끝나는 점(종지점) 까지의 길이를 말한다. 하나의 웨이브는 하나의 주기를 가진다.

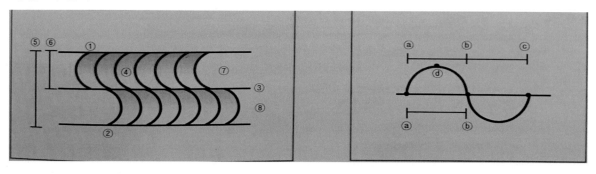

① 시작점(beginning point) : 웨이브의 주기가 시작되는 점
② 끝점(ending point) : 웨이브의 주기가 끝나는 점..
③ 융기선(ridge) : 웨이브 봉우리와 골이 만나는 선.
④ 골(trough) : 웨이브의 낮은 부분 정점.
⑤ 풀 웨이브(full wave) : 시작점에서 끝나는 점 까지 의 1주기.
⑥ 하프웨이브(half wave) : 시작점에서 끝나는 점 까지의 1/2주기
⑦ 오픈 앤드(open end) : 열린 면
⑧ 크로즈 앤드(closw end) : 닫힌 면

ⓐ 시작점(beginning point)
ⓒ 끝점(ending point)
ⓐ~ⓒ 풀웨이브
ⓐ~ⓑ 하프 웨이브
ⓓ 봉우리(crest) : 웨이브가 높은 부분의 정점

4) 모발의 사전 처리와 피부 보호제 도포

헤어펌을 진행하기 위해서는 모질에 따른 사전 처리와 피부를 보호하기 위한 조치로 피부 보호제를 도포하여 헤어펌을 준비한다.

(1) 모발의 사전 처리
헤어펌 준비 단계에서 모발의 사전 처리는 모발 진단을 하여 모질에 따라 전처리와 연화 처리를 해야 한다

① 모발의 전처리
헤어펌을 준비하는 단계에서 모발의 전처리는 두 종류로 구분된다.

(가) 헤어트리트먼트제를 사용한 전처리
모발을 진단하고 헤어트리트먼트로 전처리를 하는 경우는 손상모라고 진단되었을 때이다. 이것은 모발 손상을 방지하고 균일한 웨이브 형성을 위하여 진행되는 처리과정이다. 모발에 간충 물질을 보충하여 원하는 형태의 헤어펌을 성공적으로 만들기 위한 것이다. 건조하고 손상된 모발에 각종 헤어트리트먼트 크림 또는 유액이나 PPT용액 등 모발에 영양을 공급하는 제품으로 전처리를 한다.

(나) 특수 활성제나 펌 1제를 사용한 전처리
특수 활성제나 펌 1제로 전처리는 하는 경우는 한 번의 펌으로 원하는 헤어펌 결과를 얻을 수 없다고 진단되었을 때이다. 자연 모발, 발수성모, 저항성모 등의 화학적 처리를 전혀 하지 않은 모발에 특수 활성제 또는 펌 1제를 사용하여 모발을 팽윤·연화시키는 전처리이다.

② 모발의 연화(軟化) 처리
헤어펌을 진행하기 위하여 준비하는 단계에서 모발의 연화 처리는 모발을 팽윤·연화시키기 위한 것이다. 연화 처리제는 펌 1제인 환원제이다. 건강한 모발에는 티오글리콜산이 주성분인 환원제를 사용하며, 손상 모발에는 시스테인이 주성분인 환원제를 사용한다. 연화 처리는 두 종류로 구분된다.

(다) 열펌 진행을 위한 연화 처리

매직 스트레이트나 세팅 펌, 디지털 펌, 아이론 펌, 볼륨 매직 등의 열펌을 진행하는 과정에서 사전 연화를 하는 것이다.

① 열펌 연화 방법

사전 연화는 모발을 팽윤·연화시키고 모발 내의 측쇄 결합 중에서 황결합으로 형성된 시스틴을 시스테인으로 환원시켜 놓을 목적으로 연화 처리를 한다. 연화 처리는 모발 진단에 따른 펌 1제를 선택하여 도포하고, 모발 진단에 따라 일정시간 동안 처리한 후에 연화의 정도를 점검한다.

② 열펌 연화 점검

연화 정도를 점검하는 방법으로는 소량의 모발을 손바닥에 동그랗게 말아 올리며 지긋이 눌러보거나, 모발 중간을 반으로 접어 보거나, 빗 꼬리에 말아 보는 등의 방법으로 점검한다. 연화 시간이 끝나면 미지근한 물로 세척한다. 그리고 난 후에는 헤어트리트먼트제를 도포하고 원하는 다음 과정에 따라 수분량을 조절하여 진행한다.

(라) 콜드 펌 진행을 위한 연화 처리

콜드 펌을 진행하는 과정에서 전처리를 위한 연화 처리이다. 화학적인 처리가 전혀 없는 자연 모발, 발수성모, 저항성모 등은 콜드 펌을 진행하기 위한 한 번의 펌으로 원하는 형태의 웨이브를 만들기가 어렵다. 그러므로 콜드 펌의 탄력과 지속력을 높이기 위하여 전처리 과정으로 연화 처리를 한다.

연화 처리는 펌 1제를 도포하고 일정 시간 동안 열처리와 자연 처리를 한 후에 연화 정도를 점검한다. 모발의 상태에 따라서 그 상태에서 와인딩을 하거나 미지근한 물로 세척한 후에 다시 펌 1제를 도포하고 와인딩을 진행하기도 한다.

(라) 피부 보호제 도포

피부 보호제는 헤어펌 진행을 위한 준비 단계에서 헤어펌제로부터 피부를 보호하기 위하여 도포한다. 피부 보호제는 피부에 수분 보호막을 형성하여 헤어펌제의 자극으로부터 피부를 보호하는 역할을 한다. 보호제는 두피나 피부에 수분을 공급하고 수분 증발을 억제시킴으로써 피부 건조와 트러블을 막아 준다. 성분으로는 글리세린, 베타인, 폼 글리콜 등의 보습제가 사용된다. 피부 보호제 도포는 헤어펌제를 도포하기 전에 헤어라인이 접한 얼굴과 목덜미, 두피 등의 피부에 적당량을 발라 준다.

5) 사용방법에 따른 분류

(1) 실온사용 – 콜드 웨이브 (Cold pemanet)제
실온에서 사용하는 웨이브제는 '콜드 웨이브제/냉욕법 펌제'로 분류된다. 콜드 웨이브제는 두발을 가열하지 않고 약액에 의해 형성되는 모발의 환원. 산화 반응을 이용해 모발의 구조를 변화시켜 웨이브를 형성하는 제품이다.

(2) 가온 사용 – 히트 웨이브(Heat permanent wave)제

모발에 열을 가하여 사용하는 웨이브제는 '히트 웨이브(Heat permanent wave)제 | 가온식 펌제' 로 분류된다. 히트 웨이브제는 모발의 측쇄 결합을 끊은 화원) 후 기계에 의한 열을 이용하여 컬을 만든 후제를 사용하여 탄력 있고 부드러운 약산성 상태의 원하는 웨이브를 만드는 제품이다.
열을 가함으로써 보다 많은 환원량이 발생되게 되고 수소 결합이 증가되어 모발의 탄력이 높아지고단백질의 밀도 편차를 맞출 수 있어 축모를 교정하거나 형태를 만들 수 있는 특징이 있다.
모발 내 단백질의 녹는점까지 열을 전달하여 윤기감과 질감의 결과가 일반 펌보

다 우수하다. 하지만 열과 수분, 환원작용을 컨트롤하지 못하면 일반 콜드 웨이브제를 사용한 것보다 더 못한 결과를초래할 수 있으므로 고도의 기술을 필요로 하는 제품이다. 이러한 히트 웨이브제는 열에 의해 약대의 반응이 촉진되므로 일반 실온에서 사용되는 콜드 웨이브보다 티오글리콜산, 알칼리제, 시스테인 같은 환원제의 농도가 낮게 함유되어 있는 것이 특징이다.

대표적으로 와인딩한 후 전기 캡이나 가온기를 사용하여 열을 가하는 방식, 로드에 모발을 와인딩한 후 로드에 열을 가하는 방식, 1제 도포 후 세척한 뒤 아이롱을 사용하여 열을 가하는 방식에 사용된다.

(3) 헤어펌 1제의 종류

헤어펌 1제는 환원제이며, 티오글리콜산을 주성분으로 하는 것과 시스테인을 주성분으로 하는 것으로 나뉜다. 모발 상태에 따라 선택하여 사용하며 지나친 환원 작용 시간은 모발 손상을 가속화할 수 있으므로 주의한다.

(가) 티오글리콜산을 주성분으로 하는 펌 1제

티오글리콜산 또는 그 염류를 주성분으로 하는 펌제는 헤어펌을 처음으로 하는 자연 모발, 발수성모, 저항성모 등의 건강한 모발에 사용한다. 알칼리제로는 암모니아수를 사용한다.

(나) 시스테인을 주성분으로 하는 펌 1제

시스테인을 주성분으로 하는 펌제는 손상된 모발에 사용한다. 알칼리제로는 모노에탄올아민을 사용한다. 티오글리콜산에 비해 환원력이 약하다.

② 헤어펌 2제의 종류

헤어펌 2제는 산화제이며 중화제라고도 한다. 브로민산나트륨을 주성분으로 하는 것과 과산화수소를 주성분으로 하는 것으로 나뉜다. 모발 상태에 따라 선택하여 사용하며, 지나친 처리 시간은 모발 손상을 가속화할 수 있으므로 주의한다.

가) 브로민산나트륨이 주성분인 펌 2제

브로민산나트륨을 주성분으로 하는 산화제는 과산화수소에 비해 산화력이 더디다. 모발 상태에 따라서 일반적으로 약 10~20분 사이에서 시간을 처방하여 처리한다. 이때 시간 차이를 두고 두 번에 나눠서 도포한다.

나) 과산화수소가 주성분인 펌 2제

과산화수소를 주성분으로 하는 산화제는 산화력이 빠르다. 모발 상태에 따라서 일반적으로 약 5~10분 사이에서 시간을 처방하여 처리한다. 이 산화제는 한 번만 도포한다.

6. 와인딩 기법에 따른 분류

와인딩을 하는 기법은 크로키놀식, 스파이럴식, 압착식으로 분류할 수 있다.

1) 크로키놀식 와인딩 기법

크로키놀식 와인딩 기법은 모발 끝에서부터 두피 쪽으로 와인딩하는 방법이다. 모발 길이에 관계없이 시술이 가능하며, 가장 많이 쓰이는 방법이다. 모발 끝의 웨이브는 강하고 두피 쪽으로 갈수록 로드에 모발이 감긴 횟수만큼 웨이브가 굵어진다. 일반적으로 가로 와인딩으로 인 컬과 아웃 컬을 만들 수 있으며, 세로와 사선으로 와인딩하면 리버스 컬과 포워드 컬을 만들 수 있다.

2) 스파이럴식 와인딩 기법

스파이럴은 '소용돌이, 나선'이라는 뜻이다. 두피에서 모발 끝 쪽을 향하거나, 모발 끝에서 두피 쪽으로 와인딩하는 기법으로 긴 머리에 적합하다. 두피에서 모발 끝 쪽으로 와인딩할 때에는 모발을 잡은 손목을 나선형으로 돌려가며 와인딩을 한다. 모발 끝에서 두피 쪽으로 와인딩을 할 때에는 모발 끝을 두 바퀴 정도 감은 후에 로드를 나선형으로 돌려가며 감아서 올라간다. 모발 전체에 균일하고 일정한 웨이브가 형성된다.

3) 압착식 기법

압착식은 입방 형식이라고도 하며, 기구 사이에 모발을 끼워서 눌러 고정하거나, 와인딩을 할 때 모발을 로드의 앞뒤로 시술하는 기법이다. 기구의 모양에 따라 모발에 다양한 질감이 결정되며 만들어진다.

4) 헤어펌 와인딩의 구성 요소

헤어펌의 와인딩을 하려면 기본적으로 알고 훈련해야 하는 요소가 있다. 블로킹, 섹션, 베이스와 와인딩 각도, 고무 밴드 사용법, 파마지 사용법에 대하여 이해하고 직접 시술할 수 있어야 한다.
(1) 블로킹(blocking)

블로킹은 헤어펌을 편리하고 원활하게 와인딩하기 위하여 두상을 크게 구획하여 나누는 것이다. 일반적으로 9등분, 세로 5등분, 가로 5등분, 가로 4등분 등 헤어펌 디자인에 맞춰 블록을 나눈다

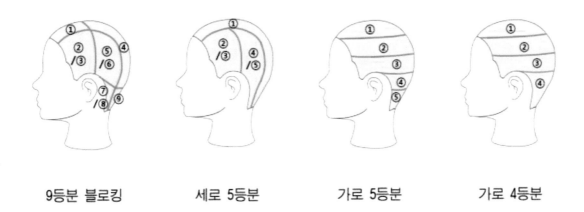

| 9등분 블로킹 | 세로 5등분 | 가로 5등분 | 가로 4등분 |

(2) 섹션(section)

섹션은 블로킹을 나눈 후에 헤어펌의 디자인을 고려하여 더 작은 영역으로 나누는 것이다. 섹션은 와인딩 방법과 방향을 고려하여 나눈다.

(3) 베이스(base)

베이스는 와인딩을 하기 위해 갈라 잡은 최종의 모발단의 두피 영역이며, 모발의 빗질에 의한 당김새이다. 베이스의 모발단을 패널(panel)이라고도 하며 스트랜드(strand)라고도 한다. 베이스의 로드 위치에 따라 볼륨을 만들며, 온 더 베이스(on the base), 하프 오프 베이스(half off base), 오프 베이스(off base)가 있다. 방향에 따라서 웨이브의 흐름을 만들고 가로, 세로, 사선의 방향이 있다

베이스 방향

(4) 와인딩 시술 각도

와인딩 시술 각도는 와인딩을 할 때 시술되는 각도로 두상으로부터 패널을 빗어 낸 각도이다 높은 볼륨을 만들고자 할 때는 패널을 120。~135。로 빗어 올려 와인딩하면 온 더 베이스가 된다. 이것을 논 스템(non stem)이라고도 한다. 중간 정도의 볼륨을 만들고자 할 때에는 패널을 90。로 빗어 올려 와인딩하면 하프 오프 베이스가 된다. 이것을

하프 스템(half stem)이라고도 한다. 볼륨을 원하지 않을 때는 패널을 45。로 빗어서 와인딩하면 오프 베이스가 된다. 이것을 롱 스템(long stem)이라고도 한다.

베이스와 와인딩 시술 각도의 특징

구분	와인딩 시술 각도	와인딩	볼륨 효과
온 더 베이스 = 논 스템			
	로드가 베이스에 안착됨 스템이 거의 없음.		
하프 오프 베이스 = 하프 스템			
	로드가 베이스 절반에 걸쳐 안착됨. 스템이 비교적 중간 길이가 됨.		
오프 베이스 = 롱 스템			
	로드가 베이스를 벗어나 안착됨. 스템이 길어짐.		

5) 헤어웨이브 방향에 따른 분류

(1) 버티컬 웨이브(수직웨이브,vertcal wave)

베이스나 로드 와인딩 위치가 수직이 되며 웨이브의 방향이 수직으로 형성된 웨이브

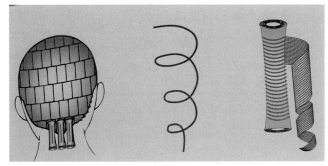

(2) 호리존탈 웨이브(수평웨이브, horizontal wave)

베이스난 로드 와인딩 위치가 수평이 되고 웨이브의 방향 또한 수평이 되게 형성한 웨이브

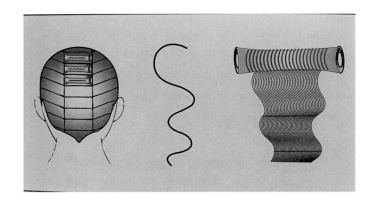

(3) 다이애거널 웨이브(사선웨이브, dianonal wave)

베이스나 로드와인딩 위치가 좌,우 사선으로 와인딩 하면 웨이브의 방향이 사선이 되게 비스듬히 형성한 웨이브

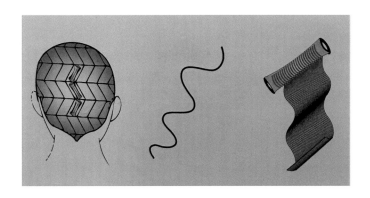

7. 헤어펌 진행 순서 및 와인딩 방법

헤어펌은 크게 준비 단계, 본 진행 단계, 마무리 단계로 구분할 수 있다. 준비 단계는 고객 가운 및 펌용 어깨보 착용, 고객 상담 및 모발 진단, 사전 샴푸, 사전 커트이다. 본 진행 단계는 선정된 약제 도포와 빗질, 선정된 로드 말기, 제1제 도포, 비닐 캡 씌우기, 환원작용 시간 주기, 중간 테스트, 중간 세척 또는 산성 린스, 제 2제 도포, 산화 작용 시간 주기까지이다. 마무리 단계는 로드 풀기, 사후 샴푸, 건조시키기, 사후 커트, 헤어스타일링, 평상시 관리 제안까지이다.

1) 헤어펌 진행 과정

(1) 고객 가운 및 펌용 어깨보 착용
고객을 맞이하여 헤어펌을 준비하며 고객의 옷을 보호하기 위해 가운과 펌용 어깨보를 착용시킨다.

(2) 고객 상담 및 모발 진단
고객을 맞이하여 희망하는 헤어펌의 스타일을 진단하는 과정이다. 이때 모발 진단이 함께 이뤄져야 한다. 헤어펌 스타일의 진단은 고객의 요구 사항을 파악하기 위하여 문답식으로 이뤄진다. 문답식을 진행하며 모발을 보고, 만져 보고, 물어보는 등의 시진, 문진, 촉진을 통한 모발 진단을 한다.

(3) 사전 샴푸
사전 샴푸는 상담 및 모발 진단과정에서 사전 샴푸가 필요하다고 생각되면 시행한다. 경우에 따라서는 사전 샴푸를 생략하고 분무로 수분을 보충할 수도 있다

(4) 사전 커트
사전 커트는 고객이 원하는 헤어펌 스타일에 맞춰 헤어 커트를 하는 것이다. 헤어펌의 웨이브를 고려하여 모발 길이를 설정한다. 고객이 헤어 커트를 원하지 않을 경우에는 생략할 수도 있다.

(5) 선정된 약제 도포와 빗질
와인딩을 하기 전에 모발 진단에 따라 헤어펌에 사용할 펌제를 선택하여 1차 도포하고 빗질을 진행한다. 펌제의 고른 분포와 함께 이전의 웨이브를 풀어내고

모발을 가지런하게 하기 위해 빗질을 한다. 모발의 건강 상태에 따라 직접법과 간접법을 사용한다.

① 직접법 와인딩: 펌 1제 도포 후 말기
직접법은 펌 1제를 도포한 후에 와인딩하는 것이다. 이 방법은 건강모와 약손상모에 사용한다.

② 간접법 와인딩: 물만 도포 후 말기
간접법은 물로 적신 모발을 와인딩하는 것이다. 이 방법은 손상모와 극손상모에 사용한다. 헤어트리트먼트제를 바른 후에 수분을 충분히 하여 와인딩을 한다.

(6) 선정된 로드 말기
헤어펌 스타일에 맞게 선택한 로드 등으로 와인딩을 한다.

(7) 헤어밴드 두르기
와인딩이 완성되면 헤어밴드를 헤어라인을 따라 두른다. 이것은 펌제가 얼굴이나 목덜미 등 피부로 흐르는 것을 방지하기 위한 것이다.

(8) 제1제 도포
헤어밴드를 두른 후에 펌제를 로드 위에 전체 도포한다.

(9) 비닐 캡 씌우기
펌제 도포가 끝나면 비닐 캡을 씌운다. 경우에 따라서는 랩을 사용하여 가볍게 덮거나 비닐 캡을 안 씌우기도 한다.

(10) 환원 작용 시간 주기
헤어펌의 웨이브가 형성되기까지의 처리 시간이며, 프로세싱 타임(processing time)이라고 한다. 모발 진단에 따른 처치에 따라 환원 작용 처리 시간이 달라진다. 모발 상태에 따라서 자연 처리 또는 열처리 처리 후 자연 처리로 구분된다.

① 자연처리
자연처리는 비닐 캡 등을 처리하고 실온 상태에서 처리 시간을 보내는 것이다.

손상모일 때 진행한다. 모발 상태에 따라서 일반적으로 약 5~20분 사이에서 시간을 처방하여 처리한다.

② 열처리 후 자연처리

열처리 후 자연처리는 비닐 캡 등을 처리하고 열처리기를 사용하여 일정 시간을 보낸 후에 실온 상태에서 처리 시간을 보내는 것이다. 건강모일 때 진행한다. 모발 상태에 따라서 일반적으로 열처리 처리는 약 5~15분, 자연 처리는 약 5~20분 사이에서 처방하여 처리할 수 있다.

(11) 중간 테스트

중간 테스트는 헤어펌의 웨이브 형성 정도를 확인하기 위한 과정으로 테스트 컬(test curl)이라고도 한다. 중간 테스트는 환원 작용 처리 시간이 끝나면 실시한다. 방법은 뒷머리의 중간 영역에서 와인딩된 로드를 선택하여 두 바퀴 정도 풀어서 두피 쪽으로 밀어 보아 웨이브 형성 상태와 탄력을 확인한다. 이때 로드를 제거시키지 않는 상태에서 컬 테스트한다. 와인딩된 로드 2~3개 정도를 확인한다.

(12) 중간 세척 또는 산성 린스

원하는 컬이 형성되었을 때 중간 세척 또는 산성 린스를 한다. 중간 세척은 모발에 남아 있는 펌 1제를 제거하여 환원 작용을 멈추게 하기 위한 것으로 물로 씻어 낸다. 방법은 로드가 와인딩된 상태에서 미지근한 물로 세척한다. 산성 린스는 와인딩된 모발에 남아 있는 펌 1제를 가볍게 닦아 내고 pH 밸런스제를 뿌려 주는 것이다. 이것은 펌 1제의 알칼리성분을 중화시키는 역할을 한다.

(13) 제 2제 도포

제 2제인 산화제 도포는 중간 세척 또는 산성 린스 후에 물기를 제거하고 와인딩된 로드에 한다. 제 2제 도포하기 전에 중화 받침대를 고객의 어깨에 얹는다. 산화제는 대부분 액상이므로 두피나 얼굴, 목덜미 등의 피부에 흐르지 않도록 주의한다.

(14) 산화 작용 시간 주기

산화제인 제 2제의 도포 후에 헤어펌 웨이브가 고정되기까지의 처리 시간이다. 모발 진단과 산화제 주성분에 따른 처치에 따라 처리 시간이 달라진다. 산화제도

필요 이상 시간을 처리하면 모발 손상을 일으킬 수 있으므로 주의한다.

(15) 로드 풀기

산화 작용 시간이 끝나면 모발에서 로드를 제거하는 과정이다. 로드를 풀 때 약액이 튀지 않도록 주의한다.

(16) 사후 샴푸

사후 샴푸는 로드를 풀고 나서 진행한다. 미지근한 물을 사용하여 펌제를 충분히 헹구며 컨디셔너제를 도포한 후에 두피 지압과 함께 마무리한다. 경우에 따라서는 산성 샴푸제로 가볍게 샴푸하고 난 후에 컨디셔너제로 마무리하기도 한다. 이때 어떠한 경우라도 마지막은 물로 충분하게 헹궈야 한다.

(17) 건조시키기

수건으로 건조시키는 과정으로 타월 드라이(towel dry)라고도 한다. 샴푸가 끝난 모발을 수건을 사용하여 물기를 제거한다. 두피와 손가락끝 사이에 수건을 밀착시켜 마사지와 지압을 병행하며 두피를 눌러 닦는다.

(18) 사후 커트

사후 커트는 필요에 따라서 진행한다. 대부분의 사후 커트는 짧은 머리에서 결을 정리하는 정도로 이루어지며 긴 머리는 불필요한 경우가 많다.

(19) 헤어스타일링

헤어스타일링은 헤어펌 스타일에 맞게 드라이어를 사용하여 건조시키며 이루어진다. 모발을 적당하게 건조시킨 후에 필요에 따라 헤어스타일링 제를 가볍게 도포한다.

(20) 평상시 관리 제안

평상시 관리 제안은 헤어스타일링을 하는 과정에서 고객에게 설명한다. 헤어펌 스타일에 따라 손질 방법을 설명한다. 모발 상태에 따라 헤어트리트먼트 제품 사용, 헤어스타일링제품 사용 등을 제안한다.

2) 헤어펌제 도포와 와인딩

 헤어펌 1제 도포는 모발 상태 및 다양한 조건을 고려하여 선택한 펌제는 펌 과정 중 와인딩 전에 도포하거나, 와인딩 후에 도포하여 웨이브의 탄력, 손상도 등을 조절할 수 있다.

(1) 직접 와인딩(약액 와인딩)

가장 일반적인 일반적으로 시술되는 방법으로 와인딩 전 펌제 총 사용량의 약 30% 정도를 모발에 도포하고 와인딩이 끝나면 남은 1제를 로드위에 균등하게 도포한다. 와인딩 도중 모발이 건조하면 펌제 혹은 분무기를 사용하여 물을 분사하며 와인딩을 끝낸다. 와인딩 숙련도가 낮아 와인딩 시간이 길어질 경우 1제 작용 시간이 길어져 모발 손상으로 이어지므로 주의해야한다.

(2) 간접 와인딩(물 와인딩)

샴푸 후 타월 드라이로 물기를 없앤 상태에서 와인딩을 하고 펌제를 도포하는 방법으로 모발 상태에 따라 손상도가 염려되는 부분에는 전처리제를 도포하기도 한다. 1제가 모발에 작용하는 시간이 일정하여 비교적 실수가 적은 방법이긴 하지만 20cm 이상의 긴 모발이나 건강모 등에는 원하는 컬이 나오기 까지 시간이 오래 걸리거나 안나오는 경우가 있어 신중하게 선택해야 한다.

	직접 와인딩	간접 와인딩
프로세스	펌1제 도포-와인딩-펌1제 도포	젖은모발에 와인딩-1제도포
대상 모발	•약액 침투가 어려워 컬 형성도 어려운 모발 •건강모,발수성모,경모,지성모 등	•손상모, 건성모, 연모, 흡수성모 등 약액 흡수력이 뛰어난 모발 •염탈색 모발
좋은 점	•컬 형성 실패가 적음	•모발 손상도 최소화
주의할 점	•와인딩을 최대한 빠르게 함 •오버타임은 절대 금물 •미용장갑 미착용 시 피부건조증	•로드 안쪽에 말려진 모발까지 약액 침투를 확인해야함 •약액 도포 시

간접 와인딩은 프로세스 펌1제 도포-와인딩-펌1제 도포 젖은모발에 와인 딩-1제도포 대상 모발

•약액 침투가 어려워 컬 형성도
 어려운 모발

•건강모,발수성모,경모,지성모 등

•손상모, 건성모, 연모, 흡수성모
 등 약액 흡수력이 뛰어난 모발

•염탈색 모발

좋은 점 •컬 형성 실패가 적음 •모발 손상도 최소화 주의할 점

•와인딩을 최대한 빠르게 함

•오버타임은 절대 금물

•미용장갑 미착용 시 피부건조증•로드 안쪽에 말려진 모발까지 약액 침 투를 확인해야함

•약액 도포 시

(3) 혼합 와인딩(직접와인딩+간접와인딩)

두상의 모발 손상도가 부분별로 차이가 블록을 정해 일부분은 직접 와인 딩으로 나머지 부분은 간접 와인딩을 하는 방법이다.

3) 헤어펌제(1제)의 처리

헤어펌의 1제는 주성분에 따라 약액의 작용 시간이 다르지만, 일반적으 로 10~20분 정도다. 모발의 유형 그리고 펌 1제의 유형과 헤어펌 유형 에 따라 환원 작용을 촉진시키기 위한 필요 온도가 다르므로 가온기를 사용하여 적절한 온도를 맞춘다. 약액에 따른 온도를 참고하여 열처리 한다.

2욕식펌제

2욕식펌제 분류	치오계 콜드	시스계 콜드	치오계 가온	시스계 가온
pH	4.5~9.6	8.0~9.5	4.6~9.3	4.0~9.5
알칼리	7mL 이하	12mL 이하	5mL 이하	9mL 이하
농도	치오 2.0~11.0%	시스틴 3.0~7.5%	치오 1.0~5.0%	시스틴 1.5~5.5%
사용 온도	실온 1~30℃	실온 1~30℃	60℃ 이하	60℃ 이하

출처: 교육부(2018). 응용 헤어펌(LM1201010134_16v3,LM1201010135_16v3,LM1201010136_16v3).한국직업능력개발원.10p.

8. 디자인 헤어펌 만들기

1) 고객의 요구 파악

고객의 요구 파악을 위해 고객의 현재 헤어스타일을 분석하고 고객이 희망디자인과 다양한 요구 사항을 경청한다. 고객의 요구 사항을 정확하게 파악하기 위해서는 스타일 책이나 태블릿 PC, 컬러 차트, 사진, 동영상 등의 시각 자료를 활용한다. 희망하는 고객의 요구를 정확하게 파악하는 것은 만족스러운 결과를 도출하기 위해 매우 중요한 단계이다.

2) 고객 특징 및 두피·모발 진단

헤어 디자이너는 고객의 얼굴형과 두상, 신장을 포함한 체형 등의 고객의 외형적 특징을 파악한 후 고객의 외형과 어울리는 헤어펌 디자인을 설계 하고, 고객의 라이프 스타일을 파악한 후 고객의 개성을 살려주는 헤어펌 디자인 및 홈케어가 편리하고 가능한 헤어펌 디자인을 고객과의 상담 시 반영해야 한다.

고객의 두피 및 모발 상태는 시진, 문진, 촉진과 함께 필요에 따라서는 진단기를 사용하여 고객의 두피에 상처나 염증성 질환 등이 있는지를 살핀 후 고객의 모발 상태(모발 특성)를 파악한다.

고객의 두피에 이상 증상이 있는 상태에서 화학제품을 사용하는 미용 서비스를 진행할 경우, 약제의 자극으로 이상 증상이 더욱 악화되거나 염증성 질환을 일으켜 탈모 현상을 유발할 수 있기 때문에 두피의 증상이 회복될 때까지는 헤어펌을 포함하여 화학제품을 사용한 미용 서비스를 자제할 수 있도록 상담한다.

9. 디자인 헤어펌 상담

1)고객의 얼굴형에 따른 헤어펌 디자인 상담

고객의 외형적 특징이란 고객의 얼굴형과 두상은 물론 신장과 체형 등의 전체적인 특징을 의미한다. 특히 두상의 모양과 얼굴형은 헤어 스타일과 밀접한 관계로 의 얼굴형별 디자인은 각각의 단점을 가지고 있는 얼굴형을 최대한 갸름한 얼굴형으로 보일 수 있도록 제안하는 디자인이다.

얼굴형에 어울리는 헤어펌 디자인으로 둥근형은 얼굴 볼쪽에 과한 컬은 자제하고 톱부분을 강조하는 스타일 제안 역삼각형 볼옆 부분에 볼륨을 강조하거나 2:8 혹은 3:7 가르마로 이마를 덮는 스타일 사각형 비스듬하게 한쪽 이마만 가리는 스타일, 자연스런 스타일로 여성스럼이 강조된 스타일 제안마름모형 턱아래 얼굴형이 드러나거나 턱 아래 부분에 볼륨있는 스타일 제안장방형 볼륨을 최대한 양쪽으로 분산시키는 스타일 제안할 수 있고 포인트별 디자인을 제안한다면 둥근형 얼굴 볼쪽에 과한 컬은 자제하고 톱부분을 강조하는 스타일 제안역삼각형 볼옆 부분에 볼륨을 강조하거나 2:8 혹은 3:7 가르마로 이마를 덮는 스타일사각형 비스듬하게 한쪽 이마만 가리는 스타일, 자연스런 스타일로 여성스럼이 강조된 스타일 제안마름모형 턱아래 얼굴형이 드러나거나 턱 아래 부분에 볼륨있는 스타일 제안장방형 볼륨을 최대한 양쪽으로 분산시키는 스타일 제안할 수 있다.

2) 디자인 헤어펌 상담

(1) 고객의 얼굴형에 따른 헤어펌 디자인 상담

고객의 외형적 특징이란 고객의 얼굴형과 두상은 물론 신장과 체형 등의 전체적인 특징을 의미한다. 특히 두상의 모양과 얼굴형은 헤어 스타일과 밀접한 관계로의 얼굴형별 디자인은 각각의 단점을 가지고 있는 얼굴형을 최대한 갸름한 얼굴형으로 보일 수 있도록 제안하는 디자인이다.

(2) 헤어 트렌드 및 미용 관련 정보를 활용한 헤어펌 디자인 상담

디자인 헤어펌의 경우 다양한 웨이브 형태와 볼륨 및 질감의 변화로 스타일을 연출하므로 고객 상담 시 다양한 디자인의 헤어스타일을 사진 및 동영상 등으로 제작된 이미지를 활용하면 고객의 취향을 파악하는데 도움이 되는 것은 물론 고객의 입장에서도 디자인에 대한 이해도가 높아져 헤어 디자이너가 제안하는 스타일에 자신의 의견을 명확하게 표현할 수 있게 된다. 이렇게 상담을 통해 디자인이 결정되면 이미지를 기반으로 컬 굵기, 볼륨의 위치, 모발 길이 등 구체적인 사항을 확인하여 시술 후 만족도를 높인다.

3) 디자인 헤어펌 와인딩

(1) 디자인에 따른 섹션 나누기
섹션별로 디블로킹된 부분을 로드와 와인딩 방법을 고려하여 더욱 세밀하게 나누는 작업으로 섹션의 크기는 로드의 크기, 모발의 질, 모발의 밀도에 따라 달라질 수 있다.
섹션의 모양과 크기, 방향 등은 은 볼륨과 다양한 질감을 표현할 수 있는 디자인의 기반이 되는 것으로 수직, 수평, 사선 섹션과 변이 섹션 등으로 나눌 수 있다.

(2). 디자인 형태에 따른 와인딩

① 볼륨감 있는 디자인
모발이 가늘고 숱이 적은 고객이 볼륨감있는 디자인을 원할 경우 벽돌쌓기 와인딩 기법을 사용하면 두상의 블록을 나누지 않고 톱 포인트(T.P)에서 벽돌을 쌓듯 빈틈없이 와인딩하므로 모발의 갈라짐을 보정할 수 있고 풍성한 볼륨을 얻을 수 있다.

② 모발의 흐름을 유도하는 디자인
짧은 모발과 중간 정도 길이의 층이 있는 커트 형태 및 모량이 풍성한 고객이 자연스러운 모발의 흐름을 원할 때 사용할 수 있는 와인딩 기법이다.

(3) 세로 디자인 와인딩 기법
긴 모발 및 모질이 굵고 모량이 많은 고객이 두피 쪽 볼륨은 최소화하고 컬은 균일한 디자인을 원할 경우 제안할 수 있는 디자인이다.

(4) 아웃 컬 디자인 와인딩 기법
모량이 많은 고객이 귀엽과 발랄한 이미지의 디자인을 원할 경우 권할 수 있는 와인딩 기법으로 두피에 볼륨감이 형성되지 않고 모발 끝이 바깥 방향을 향해 다

소 반항적이고 거칠어 보일 수 있지만 컬러와 길이 등으로 이미지 조절이 가능한 디자인이다

4) 디자인 펌의 스타일링

디자인 펌 스타일링의 첫 단계는 펌으로 형성된 볼륨과 웨이브로 고객이 원하는 이미지의 스타일을 재현하는 것이다. 샴푸 후 바로 도구나 기기를 사용하여 스타일링을 할 경우 고객은 다음날부터 스스로 스타일링을 해야 하는 것에 대한 부담감을 느낄 것이다. 따라서 샴푸 후 젖은 모발에 수분을 건조시키는 과정에서 펌의 효과를 볼 수 있는 방법을 자세하고 알기 쉽게 설명하며 시연할 필요가 있다.

(1) 타월 및 핸드 드라이를 이용한 스타일링
샴푸 후 타월을 이용하여 약 3분간 털 듯이 두피와 모발의 수분을 제거하면 모발과 모발사이에 공기감이 형성되어 볼륨을 유지하는데 매우 도움이 된다. 또한 드라이기로 건조하는 시간이 단축되어 열로 인한 모발의 손상도를 줄이는 효과도 있다.
타월 드라이를 충분히 한 후 드라이어의 바람과 한 쪽 손을 이용하여 두피와 모발의 수분을 건조하며 볼륨과 모류의 흐름을 원하는 방향으로 유도하는 것이 핸드 드라이라고 한다.

(2)블로 드라이어 및 아이론기를 이용한 스타일링
타월 드라이와 핸드 드라이로 충분하게 수분이 제거 된 상태에서 고객이 원하는 이미지의 스타일을 연출한다.

5) 디자인 펌 홈케어

(1) 홈케어의 필요성
디자인 펌 고객의 최대 희망 사항은 펌이 모발 손상 없이 오랫동안 유지되는 것과 헤어 디자이너가 연출해 주었던 스타일이 일상생활에서 특별한 손질 없이 동일한 스타일로 재현되는 것이다. 이를 위해 고객에게 무엇을 어떻게 해야 할 것인가를 알려주는 것이 홈케어이며 이것을 실행도록 지원하고 확인하는 것이 고객관리라 할 수 있다.

(2)홈 케어 방법

홈케어는 고객이 일상생활에서 습관처럼 하는 샴푸에서 스타일링까지의 과정을 컨설팅하는 것으로 다음의 사항에 대해 자세하게 설명하고 실행할 수 있도록 방법을 알려주고 재방문 시 대화를 통해 실행 여부에 대해 확인한다.

① 홈케어 샴푸

홈케어를 위한 샴푸에 대한 설명은 샴푸 후 젖은 상태로 잠을 자는 것과 바로 외출하는 것을 삼갈 것과 모발상태에 맞는 샴푸제와 린스 혹은 트리트먼트나 컨디셔너와 같은 제품을 추천하거나 현재 사용 중인 제품에 대한 설명 등 사용하는 제품의 중요성과 올바른 사용법에 대해 구체적이고 자세하게 설명한다.

② 홈케어 건조

샴푸 후 건조가 올바르지 않으면 모발은 물론 두피에도 이상 현상이 발생할 수 있으므로 건조는 매우 정성들여 해야한다. 3분 이상의 타월 드라이는 필수이며 민감한 두피의 경우 타월 드라이 후 두피 관리 제품을 사용 할 것을 권하고 손상모의 경우 모발 보호제의 사용을 권한다. 모발과 두피가 건강하고 청결해야 원하는 헤어스타일이 가능하다는 것을 고객에게 강조한다.

(3) 홈케어 스타일링

샴푸 후 건조까지 마치면 이후 일정에 따라 어떤 스타일로 스타일링 할 것인지를 결정하고 또한 어떤 제품으로 마무리 할 것인지를 결정하도록 하며, 중요한 모임일 경우 스타일링 기구를 사용하여 이미지를 연출할 수 있도록 기구 사용 팁을 알려주는 것도 좋다. 다만, 열 기구를 사용하기 전 열로부터 모발을 보호하고 모발에 광택을 줄 수 있는 제품의 기능 및 역할에 대한 설명도 필요하다. 스타일링 후 스타일 고정이 필요한 경우와 자연스런 상태를 원할 경우도 각각의 상황에 적합한 제품에 대한 사용법과 설명이 필요하다.

10. 와인딩 테크닉 알아보기

1) 직사각형

<진행과정>

2) 수직형 벽돌쌓기

<진행과정>

 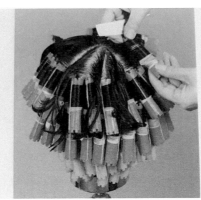 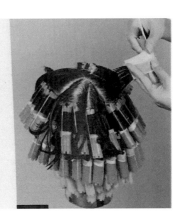

3) 윤곽형 와인딩

< 진행과정 >

  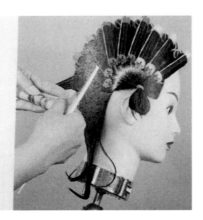

4) 벽돌쌓기

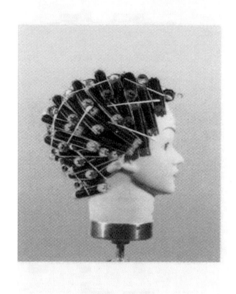

<진행과정>

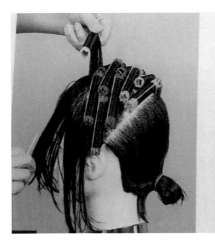  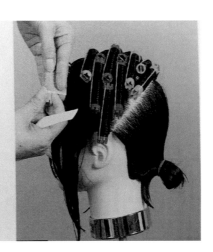

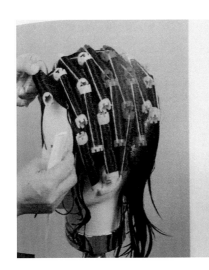  

11. 얼굴형의 특징 및 어울리는 헤어스타일

얼굴형	헤어펌 디자인
 둥근형	    얼굴 볼쪽에 과한 컬은 자제하고 톱부분을 강조하는 스타일 제안
 역삼각형	    볼옆 부분에 볼륨을 강조하거나 2:8 혹은 3:7 가르마로 이마를 덮는 스타일
 사각형	   비스듬하게 한쪽 이마만 가리는 스타일, 자연스런 스타일로 여성스럼이 강조된 스타일 제안
 마름모형	    턱아래 얼굴형이 드러나거나 턱 아래 부분에 볼륨있는 스타일 제안
 장방형	   볼륨을 최대한 양쪽으로 분산시키는 스타일 제안

1) 둥근형

원형의 강조되는 얼굴로 두부의 프론트 부분과 턱선이 눈에 띄게
둥근형으로 얼굴의 넓이와 길이가 거의 동일한 형과 다소 귀엽고 발랄한
분위기를 주어 나이에 비례해 어려 보이는 장점이 있다.

(1) 어울리는 헤어스타일
둥근얼굴의 골격을 최대한 길어 보이도록 하기 위해 센터파트를 피하고, 사이드
사트를 이용하여 톱 부분에 볼륨를 주고, 사이드 부분에 볼륨을 피해 최대한
자연스럽게 흘러내릴 수 있도록 디자인한다.
수평선보다는 수직선이 강조되는 헤어스타일을 통해 둥근형을 세련되고 개성있게
보이도록 연출할 수 있다.
긴 머리가 강조되는 스트레이트나 톱 부분에 볼륨을 주는 자연스러운 업 스타일,
사이드 파트를 이용한 톱 부분에 볼륨이 들어간 다양한 헤어스타일이 비교적
둥근 얼굴형에 어울린다. 톱 부분에 볼륨을 주고 사이드 부분의 볼륨을 최대한
길어 보이도록 연출한다.

2)장방형

장방형은 공허한 분위기의 뺨을 가진 길고 가는 얼굴로 얼굴의 세로 길이가
가로폭에 비해 매우 길다. 긴 얼굴은 지루해 보이고 턱이 길고 뾰족하여 자칫
날카로운 느낌을 주기 쉽다. 얼굴이 가늘어 보여 옛날에는 미인의 얼굴로
일컬었던 얼굴형은 쪽머리가 잘 어울리고 한복에 잘 어울리는 고전적인 분위기의
이미지이다.
1)어울리는 헤어스타일
얼굴이 전체적으로 길어 보이지 않게 하는데 중점을 주고 이상적인 헤어스타일은
단발형의 보브스타일로 앞머리는 낮게 뱅(bang)을 만들고, 옆 머리는 전체적으로
층을 준 헤어스타일로 산뜻한 느낌을 준다.

3)역삼각형

역삼각형은 이마폭이 넓고 양 턱의 선이 좁은 얼굴형으로 이상적인 얼굴형이라
할 수 있고 시원하고 보기 좋은 이미지를 준다.

(1)어울리는 헤어스타일

　모든헤어스타일이 잘 어울리는 얼굴형으로 톱(top)을 조금 높게 하고 큰 뱅
(bang)으로 이마를 좁게하여 사이드(side)는 양볼의 윗부분을 가능한 바싹 붙이
고, 아랫부분에 양감을 많게 하면 좋은 턱선을 부풀어 보이게 하여 뾰족한 것을
보완한다.

4)사각형

사각형은 광대뼈와 턱부분이 돌출되어 있어서 딱딱하고 고집스러운 인상을 줄 수
있고 강조된 턱 선을 부드럽고 편안한 느낌을 줄 수 있도록 연출한다.

(1)어울리는 헤어 스타일

길어 보이는 것보다는 둥글게 보이는 것이 중요하므로, 얼굴을 감싸는 느낌의
헤어라인 부분에 그라데이션을 많이 내는 헤어스타일이 적당하며, 턱 선이
드러나지 않도록 하는 것에 유의 한다.
비대칭형의 스타일이나 전체적으로 웨이브를 많이 낸 롱 헤어스타일이 어울린다.

8. 연화펌 이해하기

1) 열펌의 종류 및 특징

열펌의 종류는 열펌기에 따라 나뉘는데 디지털 세팅기를 이용한 디지털 세팅 헤어펌, 세팅기를 이용한 세팅 헤어펌 등이 있다.

(1)디지털 세팅 헤어펌

디지털 세팅 헤어펌은 기계에서 로드로 열전달이 되어 컬이 형성되는 퍼머넌트이다. 로드에 전달되는 온도는 보통 80℃ ~ 120℃ 정도의 낮은 온도이기 때문에 모발 중간 정도 길이의 모발 및 웨이브의 형태를 모근(뿌리)에 가깝게 형성하고자 하는 경우에는 디지털 세팅기를 사용한다. 낮은 온도부터 서서히 열이 올라가기 때문에 세팅 헤어펌 보다 모발 손상이 적은 편이다.

또한, 디지털 세팅 헤어펌은 일반 펌에 비해 굵은 컬의 웨이브 형성이 용이하며, 모발이 마른 후에도 컬이 굵게 유지되고 탄력 있는 웨이브를 연출하는 특징이 있다.

(2) 세팅 헤어펌

세팅 헤어펌은 로드로 전달되는 온도가 120℃ ~ 180℃정도에서 컬이 형성되고, 온도가 높아 컬의 형성력에는 도움이 되지만 높은 온도로 인해 모발 디지털 세팅 헤어펌 보다 모발의 손상도가 높은 편이다. 디지털 세팅기에 비해 굵은 형태의 웨이브 또는 모발이 긴 경우나 모발의 끝부분을 위주로 웨이브를 만들고자 하는 경우에는 세팅기를 사용하는 것이 효과적이다.

2) 열펌의 약제

열펌의 약제는 일반적으로 가온 2욕식을 사용한다. 가온 2욕식 펌제는 가온이 가능한 펌제이므로 일반적인 펌제를 사용하여도 무관하다. 가온 2욕식 펌제는 콜드 2욕식 펌제(일반 펌제)에 비해 알칼리도와 치오글리콜산의 함유율이 낮게 억제되어 있어 가온에 의해 화학반응을 촉진시켜 콜드 2욕식 펌제와 같은 효과를 얻을 수 있도록 한 것이다.

열펌의 약제는 건강모, 손상모, 극손상모 등 모발의 상태의 따라 적합한 약제를 선택하여 사용해야 한다.

3)디지털 세팅 헤어펌 및 세팅 헤어펌의 원리

세팅 펌은 수소결합과 시스틴 결합의 원리에 의한 펌이다. 수소 결합은 산소와 수소사이의 잡아당기는 힘에 의해 결합하는 것으로서 모발의 수분을 가해주면 단절되고 수분을 제거해주면 다시 결합하는 것을 말한다. 즉 모발에 물을 적시고 모발에 변형을 가해준 상태에서 열을 주어 모발을 건조시키면 변형된 상태를 유지하는 원리로 모발 내 수분 함량이 웨이브 형성에 많은 영향을 주는 펌이다.

모발의 수분 함량과 온도는 열에 의한 모발 변형은 건열과 습열에 따라 다르게 나타난다.

(1) 건열

건열의 경우에는 120℃에서 모발이 팽윤되고 130~150℃에서는 변색 및 시스틴 감소가 일어나며, 180℃에서는 케라틴의 구조 변형이 생기고 270℃ 이상은 모발이 타서 분해되기 시작한다.

(2) 습열

습열의 경우에는 100℃ 전후에서 시스틴이 감소하고 130℃에서는 케라틴의 구조 변형이 일어난다. 케라틴의 구조 변형은 습도 70%일 때 70℃에서부터 시작되고 습도 95% 이상에서는 60℃에서 시작되기 때문에 헤어펌의 열처리 시 일반 펌의 경우에는 60℃ 이하의 온도를 사용하고 열펌의 경우에는 80~120℃를 사용하면 웨이브를 형성할 수 있다.

열펌을 위한 모발의 수분 함량은 20~30%가 적당하며, 수분 함량이 너무 많으면 열에 의한 수분 증발과 수소의 재결합이 어려워 웨이브의 형성과 유지가 약해지며, 수분 함량이 너무 적으면 모발 내 단백질 감소와 변형으로 모발 손상을 일으킬 수 있다.

4) 디지털 세팅 헤어펌 1제 도포 및 모발 연화 방법

디지털 세팅 헤어펌의 모발 연화의 경우에는 건강모, 손상모, 극손상모 등 모발의 손상 정도에 따라 1제의 도포 방법이 다르고, 와 같이 모발 연화 시간 및 전처리가 달라져야 한다.

(1) 건강모
작업하고자 하는 모발 부위에 pH농도가 알칼리인 헤어펌 1제를 원터치로 도포하여 방치한다. 비닐캡을 씌우고 경우에 따라 12~15분 정도 열처리를 진행한다.

(2) 손상모
작업 부위 중 건강모 부위만 먼저 1차적으로 헤어펌 1제를 도포한 후에 비닐캡을 씌우고 경우에 따라 8~12분 정도 가온기를 이용하여 열처리를 진행 한다. 연화 진행 정도를 보고 손상모 부위를 손상모에 맞는 약으로 2차 도포한다.
(3)극손상모
작업 부위 중 극손상모 부위와 손상모 부위를 전처리제 또는 트리트먼트제(ppt,

lpp)또는 산성 헤어펌제를 1차적으로 도포하여 모발을 경화 시킨 후에 필요에 따라 건강모 부위를 강모 헤어펌제를 도포 후에 모발 연화 테스트를 실시해본다. 모발 연화가 잘 이루어진 손상모 부위를 전처리제 또는 트리트먼트제(ppt, lpp)를 재도포하여 단백질을 채워준 후 pH밸런스제를 도포하여 모발 연화와 모발 경화작업을 반복적으로 들어간다.

모발의 상태의 따른 모발 연화 시간

모발의 상태	모발 연화 시간	비고
극 손상모	6~8분	모발 부위별 상태에 따라 트리트먼트 및 pH 밸런스
손상모	8분~12분	비닐캡 및 자연방치
건강모	12분~15분	비닐캡 및 자연방치

전처리제 또는 트리트먼트제(PPT, LPP)는 열펌 시 열로부터 모발에 함유된 20 ~ 30%의 수분이 자연 증발하는 것을 방지하기 위하여 또는 손상된 모발의 영양 공급 및 PH 밸런스를 유지하여 모발의 손상을 줄여주는 제품을 전처리제라고 한다. PPT는 폴리펩티드(Polypeptide)의 약자이고, LPP는 로우 폴리펩티드 (Low Polypeptide)의 약자이다. LPP가 PPT보다 입자가 작으나 모발의 손상도와 작업 하는 작업에 따라 사용 용도가 다르다.

PPT는 pH가 4.8~5.4이며 약산성으로 손상모의 전처리용으로 많이 사용된다. LPP는 분자량이 작은 저분자 단백질인 간층물질을 채워주며 보습제 역할도 한다. PPT, LPP의 주요한 역할은 모발 내 간층물질의 보충과, pH 밸런스로 모발을 안정되고 건강한 상태로 유지시키며, 콜라겐 단백질이 모피질까지 침투되어 열펌에서 주는 손상을 최소화하여 웨이브 형성과 탄력에 도움을 주는 제품이다.

모발의 연화 과정이 끝나면 모발의 연화 상태를 테스트 한 후 미온수를 이용하여 두피와 모발을 깨끗하게 세척한다. 헤어펌 1제가 모발에 남아 있는 상태에서 열기구를 이용해서 와인딩을 진행할 경우 모발 손상은 물론 열기구의 파손이 있을 수 있으므로 중간 세척을 통해 두피와 모발에 남아 있는 열펌 1제를 깨끗하게 세척한다. 중간 세척 후에는 타월을 이용하여 모발의 물기를 제거하고 드라이 기를 사용하여 모발의 수분 함량을 20~30%만 남기고 건조한다.

(4) 디지털 세팅 헤어펌 와인딩 텐션

디지털 세팅 헤어펌 와인딩 시 텐션의 강도는 웨이브 형성에 중요한 역할을 하며, 특히 열펌의 경우에는 모발 연화 후 와인딩이 진행되기 때문에 젖은 모발의 상태를 이해하고 와인딩하는 것이 중요하다.

보통의 건조 모발은 10~15%의 수분을 포함하고 있으며, 모발을 잡아당겼을 경우 20~30% (1.5배)의 탄력성이 있다. 반면 젖은 모발은 30% 정도의 수분 함량과 50~60%(1.7배)의 탄력성을 나타난다. 그러나 헤어펌제에 젖은 모발은 같은 30%의 수분 함량의 경우에도 70% (2배)까지의 탄력성을 보이기 때문에 헤어펌제에 젖은 모발의 탄력성은 매우 크다고 할 수 있다. 따라서 디지털 세팅 헤어펌 와인딩 시 텐션은 일반 헤어펌 와인딩 시 텐션에 비해 강하게 당겨서 와인딩하지 않으며, 균일한 텐션을 유지하는 것이 중요하다. 또 모발의 손상 정도가 높을수록 텐션을 약하게 하여 와인딩하는 것이 모발 손상을 줄이고 탄력 있는 웨이브를 형성할 수 있는 방법이다

5) 디지털 세팅 헤어펌의 마무리 세척 및 케어

(1) 디지털 세팅 헤어펌의 마무리 세척

디지털 세팅 헤어펌의 마무리 세척은 모발을 비비지 말고 컬을 만져 주며 헹구는 방법으로 진행한다. 맑은 물을 사용하여 헤어펌제가 두피와 모발에 남지 않도록 깨끗하게 세척하고 산성 샴푸 또는 산성 린스를 사용하여 모발의 pH 균형을 맞춰준다.

(2) 디지털 세팅 헤어펌의 모발 케어

디지털 세팅 헤어펌을 진행한 후에는 모발 손상 방지를 위해 클리닉 제품 사용하여 모발케어 진행해 주는 것이 좋다. 마무리 세척을 한 후 모발을 타월 드라이 하고, 클리닉 제품을 두피에 닿지 않게 모발에만 도포하고. 5분 정도 자연 방치를 한 후 미지근한 물로 헹궈준다.

(3) 디지털 세팅 헤어펌 헤어 스타일링을 위한 모발 잔여 수분함량

마무리 세척 및 모발 케어 후 헤어 스타일링을 위해 타월 드라이로 모발의 수분 70% 정도를 건조한다. 타월 드라이 시 두상은 누르듯이 가볍게 만지면서 타월 드라이한다. 타월 드라이 후에는 드라이 냉풍과 온풍을 번갈아 사용하며 두피 쪽을 먼저 건조하고, 모발의 수분 함량을 30% 정도로 조절하며 건조해야 헤어

스타일링을 연출하는데 용이하다.

(4) 디지털 세팅 헤어펌의 연출을 위한 제품 사용
디지털 세팅 헤어펌은 일반 펌과 다르게 고열을 이용한 헤어펌이기 때문에 모발의 부스스함과 컬의 탄력도가 달라 연출하기 어려운 큰 웨이브 형태가 연출되어야 하기 때문에 모발을 80% 건조 한 후 열펌으로 형성된 모간 부분의 웨이브는 손으로 앞쪽 또는 뒤쪽 방향으로 돌려서 말아주면서 웨이브의 형태를 유지할 수 있도록 건조한다. 헤어 스타일링 제품은 헤어 오일이나 에센스를 사용하며, 컬을 더 연출하기 위해서는 전용 제품인 컬링에센스를 사용하여 건조해질 수 있는 모발의 컬에 윤기를 보충할 수 있도록 한다.

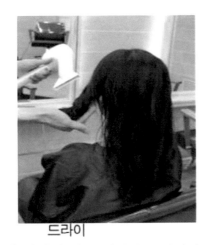

드라이   스타일링 완성

(5) 디지털 세팅 헤어펌의 홈 케어 손질 방법
열펌의 하나인 디지털 세팅 헤어펌은 사용된 헤어펌 1제의 성분과 진행 과정의 특성상 모발의 pH 균형을 맞추기 위한 홈 케어가 필요하다.

① 디지털 세팅 헤어펌 직후 관리 방법
디지털 세팅 헤어펌의 컬을 유지해줄 수 있는 중화 작용이 24시간이므로 다음날 샴푸를 자제하게 안내하고, 모발이 건조해질 수 있기 때문에 샴푸 시 린스를 사용하여 모발의 정전기를 방지하고 윤기를 보충해 줄 수 있도록 고객에게 홈 케어 방법을 설명 한다.

② 디지털 세팅 헤어펌 작업 1주일 후부터 관리 방법
산성 샴푸와 린스를 사용해 주는 것이 좋으며, 모발의 손상 정도에 따라 손상

모발용 샴푸나 헤어펌 전용 샴푸를 사용하는 것도 모발 관리와 웨이브의 유지력을 높이는데 효과적이다. 또 일주일에 한 번 정도는 헤어 팩이나 트리트먼트를 사용하여 모발을 관리하는 것이 열펌으로 손상된 모발에 단백질을 보충해 줄 수 있는 관리 방법이다.

③ 디지털 세팅 헤어펌의 모발 건조 및 제품 사용

디지털 세팅 헤어펌의 모발 건조는 드라이어의 찬바람을 이용하여 두피부터 건조한 후 모발의 웨이브 모양을 손으로 만들어 가며 건조할 수 있도록 시연을 보이며 고객에게 설명한다. 드라이어의 찬바람을 이용할 경우 윤기 있는 모발과 차분한 웨이브 연출이 가능하며, 모발은 70%만 건조된 상태에서 에센스나 헤어 오일 등의 헤어스타일 연출 제품을 사용하여 마무리할 수 있도록 고객에게 설명하고 헤어 제품을 추천할 수 있도록 한다

13. Cut Style에 따른 퍼머 디자인 연출하기

고객이 원하는 헤어스타일을 만들고 완성시키기까지는 고객의 개성, 취향, 직업 등의 여러 소건을 만족시킬 수 있는 헤어스타일을 생각해야 한다.

그 사람의 얼굴형에 맞게 거트가 이루어져야 하며 그에 맞는 웨이브 선택을 해주어 다양한 변화를 제공해 주는 것은 헤어디자이니의 중요한 업무이며, 헤어디자이너의 예술적 감각에 의해 하나의 아름다운 헤어스타일이 만들어지도록 고객의 개성이나 취향을 생각하고 거트 스타일에 따른 웨이트를 선택 하여야만 한다.

1) 원랭스 커트 스타일의 웨이브 연출

보통 원랭스 형의 표면 질감은 퍼머넌트 웨이브 되지 않았다면 부드럽고 끊김이 없다. 무게선은 다양한 길이에서 나타날 수 있다. 이 형태의 퍼머넌트 웨이브는 머리 길이의 중력에서 나타나는 인테리어에서의 작은 볼륨으로 익스테리어에서의 팽창을 만든다.

그러나 표면 질감은 매우 명확하다. 대부분의 경우에 이런머리 형태를 가진 고객들은 풍성한 효과를 내면서 표면 질감에 변화를 주기를 바란다.

2) 그래쥬에이션 커트 스타일의 웨이브 연출

퍼머넌트 웨이브의 질감은 그래듀에이션 형태가 본래부터 가지는 팽창 가능성을 강화시킨다. 전반적으로 넓어 보이는 정도가 퍼머넌트 웨이브의 질감에 의해 생긴 볼륨으로 강조된다. 얼마나 팽창될 것인가는 커트의 경사선과 고객의 머리 모양 그리고 선택된 퍼머넌트 웨이브의 디자인에 달려있다.

퍼머넌트 웨이브는 엑티베이트된 질감과 언엑티베이티드된 질감 사이의 대조를 강화시키거나 조화시킨다. 이 그래쥬에이션 형태를 통해 어떻게 퍼머넌트 웨이브의 질감이 팽창을 증대시키는지를 주목한다.

길이가 짧아지면서 무게 선이 약간 위쪽으로 이동한다.

3) 레이어 커트 스타일의 웨이브 연출

레이어형은 다양한 길이에서 커트 될 수 있고, 전체 디자인에서는 혹은 특정 부분에서든 퍼머넌트 웨이브 질감의 첨가로 강조될 수 있다. 머리결 질감을 결합시키면 디자인의 윤곽을 변화시킨다. 컷트선 주위의 길이는 일반적으로 각각의 고객에게 적용되며 형태의 은은한 결합 형태를 띤다.

4) 퍼머넌트 웨이브 결과에 따른 문제점과 대책

(1) 퍼머넌트 웨이브 시술 시 유의 사항

퍼머넌트 웨이브제에는 피부와 모발에 유해한 물질이 포함되어 있으므로 취급 시 세심한 주의가 필요하다.

< 퍼머넌트 웨이브제 사용 및 관리에 대한 유의사항>

① 퍼머넌트 웨이브 제의 사용방법, 용량이 틀리면 모발을 손상시킬 우려가 있으므로 반드시 사용제품 회사의 지시에 따르도록 해야한다.

② 퍼거넌트 웨이브 제는 공기, 빛, 열 등에 의해서 화학변화를 일으키기 쉬우므로 환기가 잘 되는 냉암소에 보관하고 사용후 남은 액은 페기한다.

③ 보존 중에 변색 또는 침전이 생길 경우에는 사용하지 말아야 한다.

④ 피부가 약하거나 두피와 목 등에 상처가 있을 경우에는 퍼머넌트 웨이브 시술을 행하지 않도록 하며, 출산 전후, 병을 앓은 후의 경우에도 시술을 피한다.

⑤ 웨이브 시술 직전에 얼굴과 목 부분의 털을 면도하지 않도록 한다.

⑥ 모발이 더러워져 있거나 헤어로션과 젤, 스프레이 등의 도포여부에 따라 웨

이브 형성에 영향을 미치므로 시술 전 가볍게 샴푸한다. 샴푸 시에는 모발에 자극을 주지 않도록 하며, 손톱으로 두피에 상처를 입히지 않도록 주의해야 한다.

⑦ 금속 염모제로 염색한 경우, 수영장의 소독약이 모발에 침전된 경우, 칼슘 성분이 많은 경수에서 비누로 머리를 감아 칼슘 성분이 묻어 있는 경우에 퍼머넌트 웨이브가 잘 나오지 않는다.

(2) 시술시 확인해야하는 유의사항

① 시술자는 시술 시 얇은 고무장갑을 착용하도록 하며, 시술이 끝나면 손을 깨끗이 씻은 다음 핸드 크림 (hand cream) 등을 바른다.

② 두피 · 안면 · 목 등에 퍼머넌트 웨이브 제가 묻지 않도록 주의하며, 만일 묻었을 경우에는 즉시 물로 적신 탈지면이나 거즈(gaze)로 닦아준다. 눈에 들어간 경우에는 결막염 등 장애를 일으킬 수 있으므로 즉시 물을 눈에 흘려넣는 방법으로 씻고 심하면 의사의 진단을 받도록 한다.

③ 저항성 또는 발수성 모발은 선천적으로 웨이브가 잘 나오지 않을 수 있으므로 약제의 흡수력을 높일 수 있는 전처리를 해주어야 한다.

④ 힘없이 가는 모발이나 염색과 탈색으로 인해 심하게 손상된 모발은 제 1제를 도포하면 곧 부드럽게 되어 웨이브가 쉽게 걸린 것 같이 보이지만 탄력 있는 웨이브가 형성되지 않는다. 따라 서 퍼미넌트 웨이브 시술 전 적합한 전처리를 해주어야 한다.

⑤ 다공성 모발은 여러 가지의 요인에 의해 손상되어 매우 건조한 상태이기 때문에 수분이나 약제를 금방 흡수하는 듯 해 보이지만 큐티클이 열려 있는 상태여서 금방 건조된다.

따라서 퍼머넌트 웨이브가 형성된다고 하더라도 모발 자체의 탄력이 없기 때문에 쉽게 풀어지는 특성을 가지고 있으므로 다공성 모발의 경우 트리트먼트를 충분히 행한 다음 시술에 임하는 것이 좋으며, 다공성 정도가 심할 경우에는 손상된 부분을 최대한 커트 해주는 것이 좋다.

⑥ 제 1제의 도포 시 제 1제의 양이 충분하지 않거나, 온도가 낮으면 약 액의 반응이 늦어져 웨이브가 탄력있게 나오지 않는다.

제 1제가 반응 할 때 최적 온도는 30℃ 전후이며 주위의 온도가 너무 낮으면 웨이브가 잘 나오지 않으므로 스팀기를 이용하여 열처리를 해주어야 한다.
⑦ 환원제의 도포 후 방치시간을 초과하지 않도록 주의하고 산화제 (중화제)의 산화작용은 충분히 이루어 질 수 있도록 방치 시간을 잡는다.

퍼머넌트 웨이브 결과에 따른 문제점과 그 대책으로 가능한 원인문제 해결책 과도하게 강한 웨이브가 형성된 경우는 환원되는 동안 빨리 로드 교체 지름이 적은 로드사용하고 만약 모발이 건강한 상태라면 모발에 맞지 않은 강한 퍼머넌트 웨이브 로션을 사용여 웨이브를 푼다. 이때 스트레· 오버 프로세싱 타임 이트 크림은 사용하지않는다. 컨디셔너를 충분히 해준다.

컬이 안 나온 경우 프로세싱 시간을 적게 두었거나 너무 큰 롤러를 사용한 경우는 만약 모발이 건강한 상태라면 중화가 불충분한 경우 순한 제품을 사용하여 다시 퍼두피 보호용 크림으로 퍼머넌트 웨이브를 시술한다.

퍼머넌트 웨이브약이 스며들지 않는 경우는 젖었을 때 결과가 좋지만 말랐을 때는 결과가 좋지 않은 경우 머리가 너무 오래 방치 되어 있거나 스타일을 ·스타일에 의해 문제가 생겼다면 하는 동안 너무 많이 자연적으로 드라이 하거나 손으로 당긴 경우로 머리를 만지면서 웨이브를 로드 사이즈에 비해 뭉치게 하면서 드라이 한다.

로션을 두껍게 한 경우 만약 모발이 건강한 상태라면 와인딩시 텐션이 불균 순한제품을 사용하여 다시 시술형하게 주어졌을 경우 한다.

잘못된 중화컬이 쉽게 풀리는 경우 잘못된 중화 퍼머넌트 웨이브 한 후 ·만약 머리 상태가 좋다면 순한 즉시 머리에 텐션을 준 제품을 사용해 다시 시술한다.

텐션을 너무 많이 준 경우 고무밴드가 너무 타이트한 경우 머리가 부서진 나쁘게 튕겨진 경우 경우 머리가 너무 많이 진행된 경우, 퍼머넌트 웨이브 제품이 머리에 비해 너무 강한 경우 퍼머넌트 웨이브 로션 에 의한 것으로 잘못 헤어라인 주위가 도포되 었거나 솜이 붓거나 따금거릴 풀어졌거나 보호용 경우 림을 너무 많이 바른다.

· 퍼머넌트 웨이브 로션 '만약 모발 상태가 좋은 상태이이 고루 도포되지 않면 잘못된 부분을 다시 퍼머넌컬이 고르지 않게 았을 경우 와인딩이 트 웨이브한다.

이때 다른 대형성된 경우 잘못되었거나 머리 위리는 클립으로 고정시키고 퍼에 바른 보호용 크림 퍼머넌트 웨이브제로부터 이 부위를 보호한다.

헤어라인 주위이 한 크림을 발라준다. 찬물로 행궈주고 되도록 자극을 주지 않도록 한끝이 스트레이트이거나 낚시 바늘 롯드 주위에 모발 끝· 잘라 낸다.

모양이 된 경우(끝을 다 감지 않은 경우 이 뻗는 경우), ·금속기구나 용기가 머리에 있는 색을 빼고 반영구적인 색깔이나 일시적 모발이 얼룩를 제거하게 한다.

염색이 되어 있는 기염부위는 컬러를 도포해서 퍼머넌트 웨이브 로션 가려 주어야 한다. 과산화수소 중화제는 중화제에 의해 밝아진다.

모발 끝이 여러 갈· 간충물질이 잦은 퍼머로 갈라지는 퍼머넌트 웨이브 시술에 의한 손상이 생긴다.

(3) 퍼머너트 웨이브 시술 후 나타나는 두피 및 모발 손상

① 퍼머넌트 웨이브을 한 후 비듬이 생기는 경우
퍼머넌트 웨이브제는 모발에만 도포해야 되지만, 시술 시 두피 쪽으로 흘러내리게 된다. 제 1제는 모발의 케라틴을 팽윤, 연화시키는 작용을 하는데 이것이 두피에 흘러내리게 되면 두피의 각질 역시 팽윤,연화되어 부풀게 된다.

팽윤, 연화된 모발은 제 2제 처리와 신성린스를 하여 약산성 상태로 돌아가는데 두피 쪽은 그대로 방치되는 경우가 많아 팽윤된 상태에서 건조되어 비듬이 생기는 원인이 된다. 이런 경우는 두피 쪽에도 제2제 처리와 산성린스도 시술해 주고, 트리트먼트 제품을 사용하여 잃어버린 피지를 보충해 준다.

② 퍼머넌트 웨이브 후 두피 쪽에서 2~3cm 정도의 모발이 손으로 만져질 경우
와인딩할 때 고무줄을 너무 안쪽으로 강하게 밴딩하게 되면, 제 1제가 고무줄 부분에 고이게 되어 다른 모발에 비해 더욱 많이 팽윤 연화한다. 그리고 제 2제를 도포하더라도 고무줄 아래에는 침투되지 않는경우가 많아 단모의 원인이 된다.

(4) 퍼머넌트 웨이브을 한 후 모발이 탈색되어 붉어지는 경우

① 제 1제의 티오글리콜산인 환원제는 모발을 탈색시키는 효과가 있고 특히 알칼리성분이 남아 있는 상태에서 드라이기를 사용하게 되면 쉽게 모발이 탈색되어 붉어진다.

② 제 2제의 브롬산나트륨, 브롬산칼륨은 약한 산화제로서 멜라닌 색소를 파괴할 정도의 산화력을 지니고 있지는 않지만, 헹굼이 불충분하면 모발에 남아 드라이어의 열과 작용하여 모발을 붉게 한다.

③ 과산화수소가 주성분으로 된 제 2제는 산화 시간을 길게 하였을경우 과산화수소와 모발에 남아 있는 제 1제의 알칼리 성분과 작용하여 모발탈색의 원인이 된다. 모발 탈색을 방지하기 위해서는 산성린스로 알칼리를 제거하고 깨끗하게 헹궈주어야 한다.

<참고문헌>

● NCS 학습모듈
● Wave on Hair/ 청구문화사/2011
● 베이직 헤어퍼머넌트 프로 /구민사/2020
● 퍼머넌트 총론/청구문화사/2009

<참고문헌>